"60岁开始读"科普教育丛书

未来科技

用基因解读生命

上海市学习型社会建设与终身教育促进委员会办公室 指导
上海科普教育促进中心 组编
皮 妍 卢大儒 编著

上海科学技术出版社
复旦大学出版社
上海科学普及出版社

图书在版编目(CIP)数据

未来科技：用基因解读生命 / 皮妍，卢大儒编著；上海科普教育促进中心组编. —上海：上海科学技术出版社：复旦大学出版社：上海科学普及出版社，2018.10
（“60岁开始读”科普教育丛书）
ISBN 978-7-5478-4181-5

Ⅰ.①未… Ⅱ.①皮…②卢…③上… Ⅲ.①基因—普及读物 Ⅳ.①Q343.1-49

中国版本图书馆CIP数据核字(2018)第205949号

未来科技
用基因解读生命
皮　妍　卢大儒　编著

上海世纪出版（集团）有限公司
上海科学技术出版社　出版、发行
（上海钦州南路71号　邮政编码200235　www.sstp.cn）
浙江新华印刷技术有限公司印刷
开本 889×1194　1/24　印张 4⅔
字数：65千字
2018年10月第1版　2018年10月第1次印刷
ISBN 978-7-5478-4181-5/Q·62
定价：15.00元

内容提要

21 世纪是生物学世纪，基因科学与人们的生活和健康，与自然和生态环境的保护关系日益密切。本书立足于与人类生活息息相关的基因科学知识及其相关应用，针对同人类生活密切相关的一些问题科学分析编著而成。内容包括基因与食品、基因与人的个性特征、基因与生物医药、基因与科技应用及基因与科研伦理、生态环境五个方面。

希望朋友们阅读本书后，可以对与身边生活相关的基因科学知识有一定的了解，对基因有一个比较准确的认识，对转基因及与基因伦理道德有关的问题能够进行比较客观而科学的分析，可以正确看待转基因食品、遗传病、基因检测、基因治疗等现代应用。

编委会

本书编著
皮　妍　卢大儒

总 序

党的十八大提出了“积极发展继续教育，完善终身教育体系，建设学习型社会”的目标要求，在国家实施科技强国战略、上海建设智慧城市和具有全球影响力科创中心的大背景下，科普教育作为终身教育体系的一个重要组成部分，已经成为上海建设学习型城市的迫切需要，也成为更多市民了解科学、掌握科学、运用科学、提升生活质量和生命质量的有效途径。

随着上海人口老龄化态势的加速，如何进一步提高老年市民的科学文化素养，让老年朋友通过学习科普知识提升生活质量，把科普教育作为提高城市文明程度、促进人的终身发展的方式，已成为广大老年教育工作者和科普教育工作者共同关注的课题。为此，上海市学习型社会建设与终身教育促进委员会办公室组织开展了老年科普教育等系列活动，而由上海科普教育促进中心组织编写的“60岁开始读”科普教育丛书正是在这样的背景下应运而生的老年科普教育读本。

“60岁开始读”科普教育丛书，是一套适合普通市民，尤其是老年朋友阅读的科普图书，着眼于提高老年朋友的科学素养与健康生活意识和水平。本套丛书已出版四辑20册，现出版的第五辑共5册，涵盖了健康有道、技术创新、生活安全、未来科技、生活妙招等方面内容，包括与老年朋友日常生活息息相关的科学常识和生活知识。

这套丛书提供的科普知识通俗易懂、可操作性强，能让老年朋友在最短的时间内学会并付诸应用，希望借此可以帮助老年朋友从容跟上时代步伐，分享现代科普成果，了解社会科技生活，促进身心健康，享受生活过程，更自主、更独立地成为信息化社会时尚能干的科技达人。

前言

随着科学技术的发展，基因科学与我们人类的生活和健康，与自然和生态环境的保护以及与国家经济发展的关系越来越密切。紧跟时代不仅仅使年轻人有话语权，老年人也应该减少代沟、努力适应，同样可以获得时代的话语权。

本书立足于我们身边的基因科学知识，从身边的基因科学案例出发，阐释其背后的科学道理，注重基础知识与人类生活及社会发展前沿相结合。希望读者阅读本书后可以对身边的基因科学知识有一定的了解，对基因有一个比较准确的认识，对转基因及与基因伦理道德有关的问题能进行比较客观而科学的分析，可正确看待转基因食品、遗传病、基因检测、基因治疗等现代应用。

全书内容共包括五个部分：基因与食品、基因与人的性格特征、基因与生物医药、基因与科技应用及基因与科研伦理、生态环境。

在本书的编写和出版过程中，复旦大学出版社的编辑给予了大力支持，在此表示感谢。此外，在本书的编写过程中还参阅了大量的资料和文献，借此机会向这些资料和文献的作者表示衷心的感谢！

由于生物科学发展迅速，新技术层出不穷，加之时间、知识有限，书中难免有疏漏和不妥之处，欢迎广大读者批评指正，提出宝贵的意见和建议，以便再版时修订完善。

编者

2018年8月

目　录

一、基因与食品 ······························· 001

1. 曾经轰动一时的“黄金大米”是怎么回事 / 002
2. 如何分辨黑心商家“挂牛头，卖马肉” / 003
3. 为什么有的人喝酒会脸红 / 005
4. 基因可以决定你能喝牛奶吗 / 007
5. 地瓜是天然的转基因作物吗 / 009
6. 臭豆腐为什么那么好吃 / 011
7. “夜食症”是怎样形成的 / 013
8. 肠道菌群与人的“相爱相杀”体现在哪里 / 014
9. 大闸蟹：美食 or 入侵者 / 016
10. “健美猪”是如何诞生的 / 018

二、基因与人的个性特征 ························· 021

11. 胖，仅仅是吃出来的吗 / 022
12. 基因如何创造登上珠峰的传奇 / 023
13. 基因可以决定你的睡眠时间长短吗 / 026
14. 基因可以美容吗 / 028

15. 扑朔迷离的“聪明基因” / 030
16. 什么是“熊猫血” / 032
17. 蔚蓝的眼眸：瞳色之谜是什么 / 034

三、基因与生物医药 …………………………… 037
18. 什么是白血病 / 038
19. 药物是如何在人体中“旅行”的 / 040
20. 乳腺癌只偏爱女性吗 / 042
21. 致命杀手——埃博拉病毒是怎么回事 / 043
22. “皇室遗传病”——血友病有什么奥秘 / 045
23. 超级细菌是如何产生的 / 047
24. CAR-T 免疫疗法是怎么回事 / 049
25. 涂抹防晒霜可以预防皮肤癌吗 / 051
26. 如何摘掉“肝炎大国”的帽子 / 053
27. 为何会成为“情不自禁的舞者” / 055
28. 细胞生长的“油门”和“刹车”是什么 / 057
29. 癌细胞会“逆生长”成正常细胞吗 / 060

四、基因与科技应用 …………………………… 063
30. 基因如何“操纵记忆” / 064
31. DNA 检测破悬案是怎么回事 / 065
32. 什么是 DNA 指纹 / 068
33. 蓝玫瑰是如何长成的 / 070
34. 如何走进生物“芯”时代 / 072
35. 什么是基因兴奋剂 / 074

36. 细菌如何透露尸体的秘密 / 076

五、基因与科研伦理、生态环境 …………………… 079

37. 混血基因是否更有遗传优势 / 080

38. 贾宝玉和林黛玉可以结婚生子吗 / 082

39. 可以透过基因看未来吗 / 084

40. 基因歧视是怎么回事 / 086

41. 基因是否可以决定个人的命运 / 089

42. 如何保护“基因隐私” / 090

43. 基因能点鸳鸯谱吗 / 092

44. $PM_{2.5}$对生物机体的危害是什么 / 094

45. 如何用基因工程的方法治理土壤污染 / 096

46. 石油泄漏之后怎么办 / 098

一、基因与食品

曾经轰动一时的“黄金大米”是怎么回事

黄金大米(golden rice)是由美国先正达种子公司(Syngenta)支持，由瑞士苏黎世联邦理工学院的英戈·波特里库斯与德国弗莱堡大学的彼得·拜尔，经过8年时间研制而成的一种转基因稻米品种。2000年，他们在《科学》杂志上首次发表了通过基因工程获得这种水稻的技术过程。外源的3个基因植入水稻后，食用部分中的胚乳含有丰富的维生素A的前体——β-胡萝卜素。β-胡萝卜素在人体内会转化成维生素A，可以缓解人体维生素A的缺乏。β-胡萝卜素使这种大米呈现金黄色，因而得名“黄金大米”或“黄金水稻”。

因为培育转基因水稻的过程十分复杂，所以一位美国生物学家在《科学》杂志上发表评论，盛赞这一研究成果是“技术上的创举”。

稻米是世界上一半人口的主要粮食，然而，许多维持生命所必需的营养物质(包括维生素A)在其中的含量却相对较低。据估计，全世界约有1亿儿童维生素A的摄入量不足，其中东南亚地区每年都有上万儿童会因为缺乏维生素A而失明。黄金大米最初研究的目的，就是为了改善贫困地区人群维生素A缺乏的状况。

第一代黄金大米的β-胡萝卜素含量还太少，对解决维生素A缺乏问题尚无帮助。与第一代相比，第二代黄金大米能够合成β-胡萝卜素的量提升了23倍，至少可以补充人体一半的需求。

科学家、农业公司和慈善基金会联合成立了黄金大米人道主义委员会。最终，先正达公司捐献出了第二代黄金大米的发明权。在这家公司等机构的努力下，二代产品所涉的12项专利所有者都宣布放弃其专利权，黄金大米的专利将无偿提供给发展中国家或发达国家的低收入农民使用。黄金大米的研发和推广完全是国际公立机构在进行，不涉及任何公司，也不会成为公司推广自己商业品种的诱饵。

小贴士

2012年8月30日，绿色和平组织曝光称2008年一个美国机构曾在湖南衡阳"用中国儿童的身体测试转基因大米(黄金大米)"，引发公众关注。2012年12月6日，中国疾病预防控制中心在其网站对黄金大米一事进行情况通报。通报称此项研究违反了国务院农业转基因生物安全管理有关规定，存在学术不端行为，三名国内当事人被处分。

 如何分辨黑心商家"挂牛头，卖马肉"

2013年初，欧洲掀起了"挂牛头，卖马肉"的轩然大波——在瑞典、英国、法国等国家销售的部分牛肉制品如汉堡包、冷冻食品中，发现了马肉或其他肉类，引起了欧洲消费者的轰动。除了"以假掺真"之外，还有"以次充好""以假乱真"等掺假手段，消费者欲哭无泪！

食品掺假、造假不仅严重损害了消费者的经济利益和消费知情权甚至涉及宗教问题，严重干扰了全球范围内的肉类产业发展，制约着肉制品质量的提升。怎么才能在“牛头”的背后发现“马肉”呢？这些年来，科学家们相继发明了基于形态学、代谢物、蛋白质以及核酸的多种肉制品检测方法，在食品安全的前沿保护着消费者的利益与健康！

（1）免疫检测新方法——酶联免疫吸附法（ELISA）：肉类及其制品的蛋白质含量极高，为10%～20%，不同动物的肉含有不同的特异蛋白质；而抗原和抗体（都是蛋白质）能够特异性地结合，就如同只有正确的钥匙才能插入锁孔并打开门。检测蛋白质的抗原、抗体的结合情况，就可以得知肉类是否掺假。

首先找到能与马肉中特有的“锁”（抗原）结合的“钥匙”（抗体），再把这种“钥匙”（抗体）加入到待测的牛肉样品中，充分混合。假如待测牛肉样品中含有马肉，那么样品中就自然含有马肉的“锁”（抗原），对应的“钥匙”（抗原）就会自动结合上去，如同钥匙插入门锁一般，形成抗原-抗体复合物。反应后，再加入特殊底物使其显色，而显色的深浅与样品中待测抗原的量呈正相关：显色深，则说明样品中马肉的含量高；显色浅，则说明马肉的含量低。如果样品中没有混入马肉，就不会形成抗原-抗体复合物，加入底物后也不会显色。

ELISA不仅操作简单方便，容易熟练掌握，而且成本低、灵敏度高，并能同时检验大批样品。因此，这项技术深受食品检测工作者的青睐，并得到了广泛的应用，在食品检测中派上了大用场！

（2）基因检测新曙光——聚合酶链式反应法（PCR）：不同的动物有着不同的DNA序列，同一动物的不同组织或器官都有着相同的DNA序列，并且不会改变！因此，检测样品的DNA，就能准确地鉴别出样品的动物种类。由于细胞中的线粒体DNA具有广泛的种内、种间多态性和高度的物种特异性，可以大大提高检验准确率；而且基因的拷贝数多，加热时不容易被彻底破坏，有利于聚合酶链式反应，因此线粒体DNA成为了检测的首选！

由于是检测DNA，因此PCR法准确度极高，错误识别率仅为百万分之一，因而迅速成为了食品检验界的“新宠”，在食品检测中起到了重要的作用！当然，这种检测方法以专业机构使用为主。

3 为什么有的人喝酒会脸红

为什么有的人喝酒会脸红？喝酒脸红的人真的很能喝酒吗？相信很多人都会有这个疑问。我们先来看看乙醇（酒精）在我们体内是怎样消化和代谢的。当酒进入身体到达肝脏后，在那里会发生一系列反应。首先，酒中的乙醇经氧化得到乙醛，再经氧化得到乙酸，最后，乙酸分解成二氧化碳和水，被我们排出体外（下图）；还有一部分变成脂肪积累在身体中，如导致“啤酒肚”等。在这个过程中，肝脏中主要有两种酶

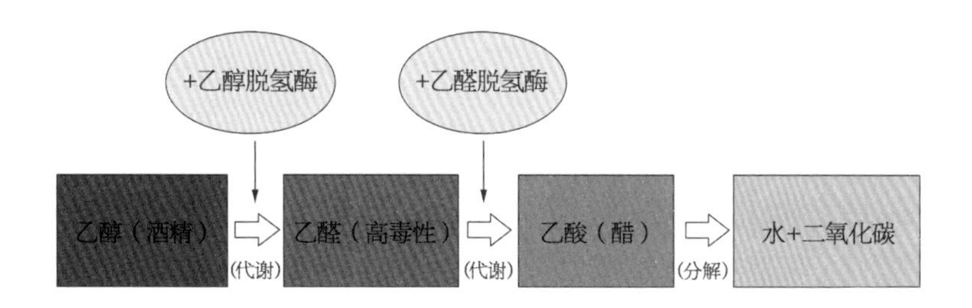

参与：乙醇脱氢酶（ADH）和乙醛脱氢酶（ALDH），它们分别作用于乙醇和乙醛而生成乙醛和乙酸。

基因通过控制酶的合成来控制代谢过程。人体内的乙醇脱氢酶和乙醛脱氢酶都是由多个分子组成的同功酶。其中参与乙醛氧化的为 *ALDH* 基因，主要有两种，*ALDH1* 在胞浆中，与乙醛有中等程度亲和力；而 *ALDH2* 在线粒体中，具有高度遗传多态性，并与亚洲人的饮酒行为密切相关。*ADH* 基因也有一些与饮酒行为相关的多态性基因，在全球不同人群的频率分布有显著差异。

我们通常所说的一个人"很能喝酒"，直观上说，是他体内消耗、转化酒精的效率高。而喝下酒水后，使我们产生醉酒感的，其实是乙醛。产生"脸红"现象的直接原因是脸部毛细血管的扩张。而能够使脸部毛细血管扩张的，恰好是乙醛。乙醛要比乙醇"毒辣"很多——一丁点儿就能让人醉态连连、面红耳赤、头晕目眩。所以，我们能够推知，喝酒脸红的人其体内乙醇脱氢酶的表现"十分优秀"，而在乙醛脱氢酶上却出了纰漏，导致了乙醛在体内积累。也就是说，喝酒易脸红的人其实并不是很能喝酒的。

那么，那些喝酒不脸红甚至越喝脸越白的人，体内的乙醛积累量很少。他们体内缺乏消化酒精的乙醇脱氢酶和乙醛脱氢酶，只能单纯地依靠体液的稀释来维持清醒。他们往往以为自己能喝酒、不知底线，可一旦醉酒之后，醒酒所需要的时间要长很多，而且有急性酒精中毒的可能性。相较于喝酒脸红的人来说，这种人往往更容易被酒精伤害。

而真正"千杯不倒"的"酒篓子"，往往拥有高活性的乙醇脱氢酶和乙醛脱氢酶，哪怕是海量的酒下肚，也会被高效地分解掉。另外，一个人能不能喝酒，还要看他是不是很能出汗。酒精代谢循环要放出热量，高效代谢会在短时间内产生大量的热，通过出汗等方式排出。

4 基因可以决定你能喝牛奶吗

有一些人喝牛奶后会出现身体不适的情况，这种不适称为乳糖不耐受症。研究表明，3～5岁、7～8岁、11～13岁组儿童中，乳糖不耐受症发生率分别为12.2%、32.2%、29%，乳糖酶缺乏发生率分别为38.5%、87.6%、87.8%。随着年龄的增长，乳糖酶缺乏率也在增长。

乳糖是一种广泛存在于哺乳动物乳汁内的一种双糖，不能被细胞直接用于产生能量，需先分解为单糖。消化道内存在着许多双糖水解酶，如麦芽糖酶、蔗糖酶等，而乳糖的分解由附着在小肠上皮外表面上的乳糖酶催化。乳糖被分解成D-半乳糖和D-葡萄糖两种单糖后才能被小肠上皮细胞吸收而进入血液，并运送到各个组织细胞中参与糖酵解，为机体提供能量。如果缺乏乳糖酶，乳糖进入小肠后，不能被分解成单糖而被吸收入血液，称为乳糖消化不良和乳糖吸收不良。

乳糖不耐受症者体内的乳糖酶活性明显比正常值低，甚至完全消失。体内乳糖无法在小肠中消化或消化不完全，也无法被吸收。于是，乳糖在小肠内不断积累，造成异常的渗透浓度差。没有消化的乳糖甚至会被大肠中的细菌利用，产生的代谢产物对人体有毒，因而出现了临床上的乳糖不耐受症症状，如腹胀、绞痛、恶心和腹泻等。

如果这些乳糖不耐受者没有乳糖酶，那么他们在婴幼儿时期是如何消化母乳的呢？事实上，乳糖酶活性是后来才逐渐消失的。几乎所有的婴幼儿都可以消化乳糖，只是乳糖不耐受者的乳糖酶的活性到了青年或成年之后便下降或者消失了。

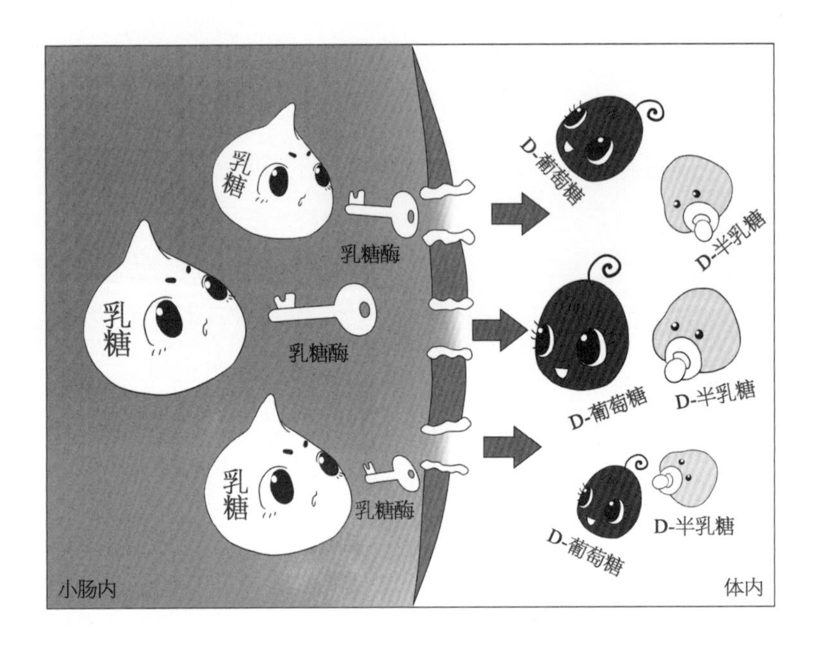

乳糖酶活性的丧失可能与遗传、后天感染和生活习惯有关。目前发现的乳糖不耐受症主要有以下四种。

（1）原发性乳糖酶缺乏症：约占全部病例的70%，病因与乳糖酶表达时信使RNA的缺失有关。这种情况在不同地区所占比例和乳糖不耐受发生年龄差异很大，工业和商品乳制品不普遍的亚洲和非洲地区比较常见，在亚洲和美洲印第安人中约占100%。

（2）继发性乳糖酶缺乏症：多为环境因素导致，如胃肠道的各种疾病。小肠中的寄生虫感染可以导致乳糖酶的合成被永久破坏。肠胃炎也是导致暂时性的乳糖不耐受症的一个常见原因；婴幼儿严重营养不良也可能会导致继发性乳糖不耐受症。

（3）先天性乳糖酶缺乏症：某种基因缺陷导致乳糖不耐受者不能合成乳糖酶。在婴儿中比较罕见，但对于母乳喂养的患儿来说却是致命的。他们只能食用经过处理脱去了乳糖的商品化奶制品。

(4) 发育(新生儿)乳糖酶缺乏症：患此类疾病的婴儿在母亲妊娠34周后胃肠道内才能产生乳糖酶和其他的双糖酶。幸运的是，调整饮食对患儿有一定的帮助，而且34周一过，一般可自行逐渐缓解。

可以看出，有些乳糖不耐受症的确与基因有关系，而有些可能只是在经历了后天的生长过程之后被逐渐消磨掉了，还可能有一些病理的因素。

5 地瓜是天然的转基因作物吗

地瓜，又称作番薯、红薯、甘薯、甜薯、白薯、山芋等，属被子植物门、双子叶植物纲、茄目、旋花科、番薯属。地瓜的块根和叶富含蛋白质、维生素和矿物质，被誉为“长寿食品”。科学家们利用转基因技术，还培育出了淀粉出粉率和出酒率更高的地瓜。

许多人对转基因食品持怀疑态度，让地瓜背上“危险性不明食品”的名号。而令人们感到惊奇的是，比利时根特大学和国际马铃薯研究所的研究表明，地瓜中存在外来DNA，也就是说，地瓜是一种天然的转基因作物。这究竟是怎么一回事呢?

转基因是指将特定的DNA片段通过转运载体进入目标生物中，并与目标生物本身的基因重组，经过几代人工选育，得到能够稳定遗传的生物个体。转入的基因片段既可以是来自特定生物体基因组的目的基因，也可以是人工合成的 DNA 序列。简而言之，目标生物的基因组中存在原本没有的基因片段，并与原基因重组，所得生物就可以认为是转基因的产物。

“天然的转基因作物”中，转入的基因来源于大自然，并且是大自然基因改造的杰作。对美洲、非洲、亚洲和大洋洲的 291 个地瓜样品的 DNA 进行杂交、测序等一系列研究的结果显示，所有地瓜样品的基因中均含有农杆菌的 DNA。不仅如此，这些基因在地瓜的茎、叶和块根中均有表达。尽管这些农杆菌基因在地瓜中的表达量很低，但仍处于可检测范围之内。

农杆菌的 DNA 转入地瓜中，是源于水平基因转移的作用。水平基因转移又称为基因侧向转移，主要发生在微生物中，是指生物将遗传物质传递给其他细胞而非自己的子代的过程。土壤农杆菌可以通过细菌演化出的接合系统将 DNA 导入植物细胞中。这些基因会扰乱植物的激素平衡，使植物长出肿块状的结构。我们常常食用的是地瓜的块状根，这种特殊的结构形态便是地瓜内导入的农杆菌 DNA 的作用。农杆菌的基因还会改变植物的代谢系统，使植物能够分泌出一些有利于细菌自身生长的物质。土壤农杆菌的这种特殊本领使其成为了“天然的基因工程师”，并且被科学家们广泛地研究和使用。

早在人类驯化地瓜作物之前，农杆菌已通过地瓜的创伤部位侵染地瓜，并将自身的 DNA 转入、整合到地瓜的基因组中。这些基因的表达使地瓜产生了某些有用的农艺性状，当时的人类保留下具有这些性状的地瓜块根，再次播种，并逐渐流传下来，最终遍布世界。

6 臭豆腐为什么那么好吃

臭豆腐不仅有很高的营养价值，而且有较好的药用价值。为什么臭豆腐闻起来那么臭，吃起来却很香？

其实，小小的臭豆腐背后有着很大的生物学奥秘。臭豆腐的“臭”，存在发酵型和不发酵（半发酵）型两种，其来源不同。

（1）发酵型臭豆腐：发酵型臭豆腐的“臭”，是因为豆腐通过发酵腌制，在发酵的过程中，蛋白质在蛋白酶的作用下分解，其分解产物中的含硫氨基酸再进一步水解，产生硫化氢（H_2S），这种化合物具有刺鼻的臭味。

还有研究表明，除了硫化氢，臭豆腐特有的臭味还可能来自其他氨基酸分解产生的胺类、吲哚等化合物，是“臭”味道的主要来源。

还有别的成分则赋予了臭豆腐果香、酒香和蜜香（如二甲基二硫、二甲基三硫、二甲基四硫），可以让臭豆腐有了复杂的、让人欲罢不能的口感。

（2）不发酵（半发酵）型臭豆腐：不发酵臭豆腐（半发酵）的臭味则主要来源于臭卤水，比如江浙一带的臭豆腐，会用隔年留下的烂咸菜汁做成卤液。

长时间的浸泡，让豆腐具有了臭味。当然，这种臭味也是发酵产生的，只是不是豆腐的发酵，而是卤液中的烂咸菜等的发酵。

研究不发酵型臭豆腐的挥发性物质发现，酸类、醇类、醛类、酯类是主要的挥发性风味物质，可以让臭豆腐呈现出果味、卷心菜味、脂肪味、药味、泥土味混合的味道。

对于臭豆腐，人们的评价呈现两极分化。爱它们的人将其视为珍宝，深深上瘾；恨它们的人遇之则慌忙掩鼻，唯恐避之不及。这又是为何？难道是像有人天生就有不耐受牛奶的基因那样，是因为基因的原因吗？

其实，对臭豆腐“臭味”的爱恨，和基因并没有关系，这种态度也并不会遗传。我们之所以会喜欢上臭豆腐的臭味，和我们的嗅觉适应、嗅觉经验相关。

没有什么嗅觉经验的小孩子，不会喜欢臭味，他们只会对好闻的气味有偏好。但如果生活的地方很多人都吃这类“臭美食”，也会慢慢地喜欢起来。

一种气味大概闻几分钟，就会觉得闻不到了，或者气味强度降低了很多，这都是嗅觉适应的表现。在这方面，嗅觉比其他感知觉更加明显。人的这种嗅觉适应与生理和心理因素都有着密切的关系。

因此，臭豆腐虽小，独特臭味却隐藏着很大的化学、生物学奥秘。需要提醒的是，市面上的臭豆腐良莠不齐，偶尔解馋可以，多吃还是要慎重的。

小贴士

人对于鲜味的感觉，主要是对于氨基酸，尤其是谷氨酸的感觉。臭掉的食物经过微生物的分解，产生了氨基酸和部分鲜味的小肽，鲜香由此而来。氨基酸再分解会产生有臭味的胺类、硫化氢，成为腐败味道的来源。

然而，气味只需要极少量的分子就能感知，味道则需要较多的量才能尝出来。因此，有些闻起来臭的食物，吃起来却很香。

7 “夜食症”是怎样形成的

长期的夜间进食，无论是习惯性在夜间吃零食，还是白天节食而晚间补充能量，都可能诱发一种进食障碍——夜食症。夜食症指的是反复出现的夜间饮食过量，即使完全不觉得饿，也会在晚饭后吃过多的食物（高能量、不健康的食物）。这种夜间进食很可能带来一些长期的不良饮食习惯，引发一系列健康问题。

生物钟基因失调会导致夜食症，夜晚饥饿难耐到睡不着的人，可能要怪他们的基因。通过老鼠身上的实验已证明：如果负责进食节律和睡眠周期同步的生物钟基因出了问题，就会出现夜食症——进食时间被打乱，从而导致过度饮食和增重。

科学家们花了14年的时间，在1985年找到了引起果蝇生物钟异常的基因并完成了测序，这是人类第一次发现与生物钟相关的基因，被命名为*period*（简称*per*），可能产生3种转录产物，都可以重建突变体的节律。

20世纪90年代，科学家陆续了解到，几乎所有生物体内都有生物钟基因。哺乳动物体内有3个生物钟基因，分别命名为*per1*、*per2*、*per3*基因，各自精准地控制着人体的一些功能。目前研究较多的是*per2*基因，这个基因如果在小鼠身上发生突变，还会引发肿瘤。*Per1*基因突变可导致进食节律的紊乱，使得夜间进食欲膨胀，同时在高脂肪的刺激下也极易引发肥胖。

经过后来一系列研究发现，*per1*和*per2*基因可以协同作用来确保进食和睡眠保持同步，任何一个基因出现问题都会打乱两者的周期。长期以来人们都不把夜食症当成真正的疾病，而现在研究者提出了很多关于这些周期如何调控的问题。

或许我们可以提出很多方法和手段，来帮助缓解经常吃夜宵带来的负面效果。而对于真正的夜食症患者，有研究表明，托吡酯是一种安全、有效的治疗夜食症的药物。

因此，夜宵难耐，有可能是基因惹的祸！

肠道菌群与人的“相爱相杀”体现在哪里

随着近年来各种分子技术在肠道微生物群落研究中的广泛应用，人和动物肠道中定植的微生物群落的结构与功能正逐步得到揭示。人肠道内定植着超过1 000种细菌，其总重量大约为1.5千克，细胞总数达10^{13}～10^{14}个，几乎是人体自身细胞的10倍，编码的基因数量至少是人体自身基因的100倍。因此，有人戏称：人＝10％人＋90％细菌。

肠道微生物种类繁多，其中80％～90％由厚壁菌门和拟杆菌门组成，其次为放线菌门和变形菌门。肠道菌群与人体共同进化，为宿主提供其自身不具备的酶和生化代谢通路，同时通过与人体和外界环境相互作用，影响人体的营养、免疫和代谢，可看作人后天获得的一个重要“器官”。肠道菌群与人体生理联系主要表现在以下几个方面。

（1）机体免疫防御作用：肠道菌群在肠道黏膜免疫的形成中具有一定作用。消化道黏膜需要与一定量的细菌共生，以刺激机体产生活跃的免疫应答，从而保持一定的免疫防御状态。共生菌肠道菌群附着在肠道内壁表面的黏膜上，还可形成一层由细菌构成的物理屏障，抵御致病菌的入侵，即使致病菌入侵成功，也可在一定程度上抑制致病菌的生长繁殖。肠道菌群“似敌似友”，它不是致病菌，但可以使肠道免疫处于“时刻备战”，而当真正的“战争”来临时，它便与人体达成统一战线，共同抗敌。

（2）促进消化道黏膜发育：实验发现，肠道菌群缺失的动物，消化道黏膜发育及功能均差。

（3）消化系统以外的作用：肠道菌群缺失的动物在除消化系统以外的其他系统中也出现了异常改变。其中，肠道菌群与神经系统的联系尤为密切。消化系统内的细菌可能在人类生长发育的同时帮助塑造大脑的结构，并且在成年时影响我们的情绪、行为和感觉。

（4）营养与代谢作用：人类无法直接消化植物中的纤维素和半纤维素类多糖，而肠道菌群中的拟杆菌等则具有一系列的酶来分解这些多糖，为人体提供能量。肠道菌群通过发酵作用还能产生短链脂肪酸和维生素 K 供人体吸收，同时一些金属离子，如钙、镁、铁等，也可通过肠道菌群被人体吸收。另外，由于肠道菌群参与人体的多条代谢途径，药物在人体的代谢亦受到微生物的影响。

肠道菌群定植于消化道，通过消化道进入人体的食物及药物自然均会影响肠道的菌群分布。有研究表明，经常摄入酸奶或脱脂乳的人们其机体肠道的细菌多样性就较高，同样喝咖啡及葡萄酒也会增加肠道菌群的多样性，而全脂牛奶和高热量的饮食则会降低菌群的多样性。肠道菌群的多样性和机体健康之间存在着良好的关联，即多样性越高其机体越健康。

近年来，作为医学领域重要的新技术，粪菌移植技术逐步成熟并健全，通过将健康人群粪便中的菌群（肠道菌群）通过一定技术手段转移到患者的体内，使患者获得健康人群的肠道菌群来治疗相关的疾病。这种全新的采用肠道微生物直接治疗疾病的创新疗法逐渐被人们认同，但肠道菌群繁多复杂，距离明确具体的微生物谱系与相关疾病的联系，乃至研发有效治疗方法、药物并对症下药的阶段，依旧有很长的路要走。

9 大闸蟹：美食 or 入侵者

大闸蟹（中华绒螯蟹）原产中国，是每年都会出现在我们餐桌上的美食，然而它们在欧美国家并没给人留下什么好印象。

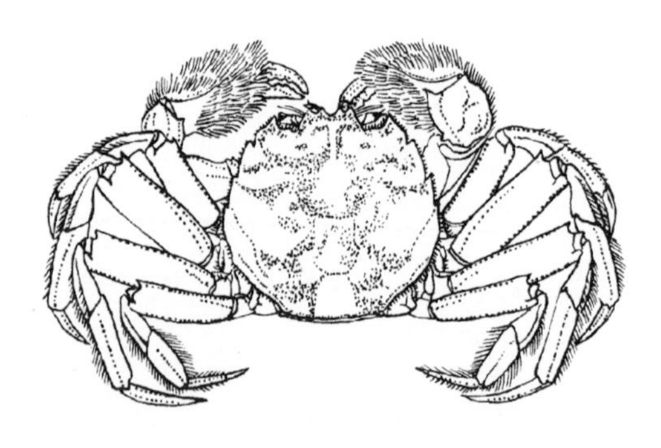

1912 年，欧洲人发现第一只大闸蟹并将其送到了博物馆。1935 年大闸蟹在英国泰晤士河被发现，此时大闸蟹在德国已经繁衍生息不止。在美洲的第一只大闸蟹 1965 年在底特律河被发现，到 1997 年大闸蟹就堵塞了旧金山河口闸门。如今，大闸蟹依然是当地一个严重的问题，他们筑巢时挖的洞损坏河床和水利设施，还捕食各种水生生物破坏生态平衡。多家德国媒体称，来自中国的大闸蟹在德国河流泛滥成灾，2012 年的实际损失就高达

8 000万欧元，甚至连波兰和瑞典也有大闸蟹的踪影。

货轮若没有装载货物，在启航前会装入一定量的海水作为压舱水，用以维持平衡，到了目的地再放出来。装入压舱水时往往会把当地海水里的生物一起装进去，于是各种生物，包括大闸蟹，就随着货轮来到了世界各地。

通过基因单体型的检测和分析，科学家们认为大闸蟹从中国出发，独立地多次到达了欧洲，建立了当地的种群。对于美洲的大闸蟹来源则有不同观点，有的认为来自欧洲，也有的认为既有来自欧洲，又有来自中国的。

说起防治大闸蟹的入侵，不少网友和媒体不约而同地给出了“吃吃吃”的回答。那么欧洲的大闸蟹为什么没有被人吃掉呢？

原来，我国由于商业化生产，蟹农私自配种和养殖逃逸等原因已经使原产于长江流域的大闸蟹在整体基因水平上有了变化。而入侵欧洲和北美的大闸蟹还保留着当时入侵时的原始特征，相比我们常吃的，蟹膏蟹黄分量少而且稀，颜色也不够金黄，蟹肉味道也较为清淡，即使有少数曾出口到我国香港地区，总体上仍不太受欢迎。

而欧洲和北美当地人的饮食习惯和我们又相去甚远，欧美的人们更爱吃海蟹。2015 年 6 月，纽约州卫生局更是建议人们千万不要食用螃蟹肝脏、胰脏等部位，因其含有一些极有害的残留物，而这些部位往往容易同蟹黄弄混。那为什么我们吃了没啥事？因为我们在蒸煮大闸蟹的时候有害物质往往溶出到蒸煮的水里去了。而美国人喜欢把螃蟹（尤其是生吃）做成沙拉，这就不太好了。

大闸蟹除去可以端上餐桌，其他消灭的方法还包括网捕和投毒，可惜这些方法都会误杀水体中的其他生物，对大闸蟹的影响反而不大。于是，大闸蟹继续在世界各地的水域里横行。

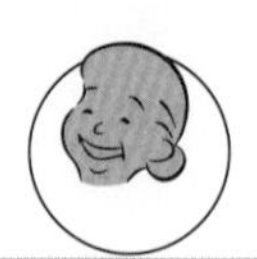

⑩ “健美猪”是如何诞生的

“健美猪”，顾名思义，是指肌肉紧实、个体高大的优质瘦肉猪。要获得“健美猪”，以前需要人工无数代选育，如今可以通过生物技术快速实现。一些国家的科学家利用简单的转基因技术，可以快速制备出类似“比利时蓝牛”的“健美猪”。制造“健美猪”的关键技术是让猪肌肉生长抑制素（MSTN）基因产生突变。肌肉生长抑制素可以抑制肌肉细胞的生长，保持肌肉纤维组织的正常大小。当肌肉生长抑制素被自然阻断时，肌肉细胞增殖加速，表现出天生的肌肉纤维异常增加。

如果可以将肌肉生长抑制素基因敲除或替代，便可以“批量生产”健美动物了。因此，转基因技术成为了首选，就是把现有的目的基因转入特定生物中，与其本身的基因组进行重组，获得具有稳定表现特定遗传性状的个体。从广义上来说，把目的基因改编再转入待定生物也可以说是转基因。即利用基因编辑技术，可以使猪的肌肉生长抑制素基因发生永久突变，制造出“健美”克隆猪。

显然，利用转基因技术开发新的动物品种，可以缩短育种年限；导入的基因有针对性，产品重要经济性状表现力强；能将杂交诱变育种无法得到的性状表现出来，等等。但是，由于它是人类反自然规律的行为，被接受程度一直比较低。其实，早在20世纪，美国就研制了转基因鲑鱼，但批评者担心转基因鱼可能会逃逸到野外环境中与野生的鲑鱼杂交；逃逸的转基因鲑鱼也可能消耗掉大量的食物，从而导致野生种群的死亡，进而可能影响生态环境。

由此看来，万事都有两面，方便精准的转基因技术也是一把双刃剑，怎样放大它的优点，缩小它的弊端是摆在科学家面前的一个难题。因而，“健美猪”何时上市还是个未知数，在此之前，路漫漫其修远兮，还需通过各种安全监测和伦理评估。

再者，“健美猪”只是转基因食物的一个缩影，几十年来，世界范围内已掀起了转基因动物研究的热潮，生物工程产品不断推陈出新甚至大型转基因动物公司也应运而生。

随着转基因动物的研究与开发，随着产品安全性的提高与导入新性状的愈加稳定，转基因食品走进千家万户指日可待。

需要说明的是，目前国内外对转基因食品是否安全存在极大争议，有待于我们的转基因科学工作者们加大科普的力度，让转基因技术走出科研深闺，走入人民大众，造福人民大众！

小贴士

本文所称的“健美猪”，要与以前市面上曾出现的仅用“瘦肉精”喂养的猪区别开来。用“瘦肉精”喂养的猪拱背收腹、屁股浑圆、肌肉结实，因此有时也被称为“健美猪”。

“比利时蓝牛”是一种原产于比利时的肉牛品种，其特点是早熟、温驯，它们和一般牛不太一样，主要表现在体大、圆形、肌肉发达，肩、背、腰和大腿肉块重褶，肉嫩、脂肪含量少。现已分布到美国、加拿大等 20 多个国家。

二、基因与人的个性特征

11 胖，仅仅是吃出来的吗

肥胖是多种慢性非传染性疾病的潜在影响因素，增加了患糖尿病、心脏病和癌症的风险，对个人的身体健康非常不利。目前，中国肥胖人群数量正在呈快速增长状态，给社会也造成了极大的负担。

大多数人认为肥胖是自己选择的结果，饮食不合理或过量、缺乏锻炼是导致肥胖的主要原因。其实，遗传也是导致肥胖的重要原因之一。近年来，科学家们发现了许多可能致人肥胖的关键基因，这也许是打开解决肥胖问题大门的重大发现之一。

FTO 基因是导致肥胖的间接因素，就像开关，可以控制其他两个影响产热和能量代谢的基因，是2007年被研究人员发现的。有研究表明，*FTO* 基因能抑制新陈代谢，使人行动迟缓，抑制能量转化成热量而释放出来。*FTO* 基因突变会导致从食物中获得的能量储存起来而不是代谢消耗，导致人体肥胖。不同人种的肥胖患者中均存在有这种基因突变。

肥胖基因（*OB*）编码肥胖蛋白，又称瘦素，可以增加能量消耗，减少食物摄入。该基因可通过多种作用方式引起肥胖：*OB* 突变，血清中瘦素含量降低；糖尿病基因（*DB*）能够编码瘦素受体，瘦素受体缺乏导致瘦素抵抗，从而引起肥胖。脂肪组织根据体内脂肪含量产生相匹配含量的瘦素，瘦素作用于下丘脑调节机体食欲。脂肪含量升高，瘦素增加，摄食减少和代谢提高。脂肪含量降低，瘦素减少，摄食增加和代谢降低。

人体脂肪增加有两种方式——脂肪细胞数量的增长或脂肪细胞体积的增长。*14－3－3zeta* 基因可以影响脂肪细胞的数量和体积，在细胞的生长周期扮演重要的角色。*IRX3* 基因在下丘脑的活性可以控制体重和调节机体成分。*GAD2* 基因可以使人有更好的胃口且更容易过量进食。

如今，越来越多的研究表明，基因在肥胖原因中占有一席之地，但需要知道的是，基因并不能解释所有的肥胖问题，饮食和锻炼仍旧十分重要。拥有肥胖基因并不意味着一定肥胖，但是确实更加容易出现肥胖问题。当然，现在仍有许多潜在、未知的可能与肥胖相关的基因存在，我们应不断探索，从基因角度减少肥胖出现的概率，同时要更加注重饮食和锻炼，从生活习惯上有意识地控制体重，减少因肥胖带来的一系列疾病风险。

吃不胖的人也要注意，一般光吃不胖的原因在于肠胃系统较弱，需要引起足够重视，更加关注自己的饮食习惯，勿暴饮暴食或食用伤胃的食物。

12 基因如何创造登上珠峰的传奇

1953 年 5 月 29 日，新西兰传奇探险家埃德蒙·希拉里在夏尔巴人

向导丹增·诺尔盖的指导下，一同从南坡成功登上珠穆朗玛峰，成为最早登顶珠峰的两个人，写下了人类登山史上最重要的一笔，实现了人类登上地球之巅的梦想。是什么因素让他俩克服重重困难，一举登顶，造就珠峰登顶传奇？机遇、装备固不可少，而长期以来有一项原因往往被人们忽视，那便是被称为“影子登山者”的夏尔巴人。

那么，“影子登山者”夏尔巴人到底有什么特别之处呢？

夏尔巴人是一个居住在海拔3 000米以上的喜马拉雅山区世居民族群体，他们的登山实力和耐力皆非常出众。

从外在表现上看，他们具备更好的有氧运动能力，更有效的氧运输效率，更大的静息通气量，更高的血氧饱和度，更低的血红蛋白水平，以及在低氧环境下肺血管收缩反应性降低的能力。这一系列特性有效地保证了他们的正常生活，而这些特性都具备遗传学基础，即存在高原适应性基因。在登山时，它们就像是夏尔巴人体内的强力马达，为在缺氧、严寒的高山上的他们提供氧气与动力，避免或减轻高原反应。

从内在的基因水平来说，高原适应基因——内皮细胞PAS域蛋白1(EPASI)的基因编码HIF－2α蛋白，可以调节许多缺氧诱导基因（包括EPO，即促红细胞生成素）。在这种调节下，人体内的EPO含量升高，放大红细胞前体的增殖和分化，从而增加血红蛋白水平。而血红蛋白水平的增加往往是慢性高原病临床改变的基础诱因之一。因为这种血红蛋白水平的升高，增加的只是血液中的血氧含量，对组织中氧的输送并没有起到任何作用，最终会导致低氧血症、缺氧性高血压以及高原性心脏病。

内皮细胞PAS域蛋白1(EPASI)的基因通过上千年来的突变与自然选择，让夏尔巴人不再具有过高的血红蛋白水平，更加适应高原环境，为造就珠峰登顶传奇打下了坚实的生物学基础。

在以小鼠为对象进行的高原适应性基因的实验中，及对青藏高原家犬以及藏猪等高原生物的研究中，可以得到以下两个结论。

（1）HIF－2α 在高原急性缺氧和习服的调控中起重要的作用，并作用于其上游和下游基因表达调控的变化。

（2）HIF－2α 通过促红细胞生成素的调节改变红细胞数量，增加有效血红蛋白浓度，促进对高原缺氧环境的习服。其中 HIF－2α 在红细胞的生成组织肝和肾中调控作用最为明显。

珠峰登顶的传奇到内在的功臣——高原适应性基因，使我们从基因的角度揭示了夏尔巴人成为高原登山宠儿的根本原因。这有利于我们从遗传学的角度深入理解人类高原适应性的形成机制，是环境对人类自然选择的又一有力证明。

随着基因科学的不断发展，人们对于基因与性状的认识也愈加深刻。或许，在不久的将来，人人都能像夏尔巴人一样成为“天赋异禀”的登山者！

小贴士

高原反应，亦称高原病、高山病，是人体急速进入海拔 3 000 米以上高原暴露于低压低氧环境后产生的各种不适，是高原地区独有的常见病。

头痛是最常见的症状，常为前额和双颞部跳痛，夜间或早晨起床时疼痛加重，吸氧后可减轻。

高原病根据发病急缓分为急性、慢性两大类：急性高原病又分为三种类型，即急性高原反应、高原肺水肿、高原脑水肿，可并存；慢性高原病则较少见。

13 基因可以决定你的睡眠时间长短吗

睡眠是影响人类身体健康的重要因素。充足的睡眠不仅能使人在一天的学习、工作和生活中提高效率，还会使人充满活力，保持愉悦的心情；相反，睡眠不足则会使人变得哈欠连连、无精打采甚至十分易怒。那么，多长时间的睡眠才能称为“充足的睡眠”呢？

这个问题没有一个明确的标准答案。睡眠时间的长短与人的年龄、身体状况和季节周期性变化等许多因素有关，但就一般情况而言，绝大部分人每天至少需要7～8小时的睡眠时间。然而，我们身边不乏这样的人，他们每天只睡3～4个小时，第二天也一样能充满精力，投入到全新的学习和工作中。他们是不被睡眠“光顾”的异类吗？

英国前首相撒切尔夫人以其果断强势的政治作风博得了“铁娘子”的称号，作为英国历史上的第一位女性首相，她可谓名副其实的“工作狂”。据她的新闻秘书回忆，撒切尔夫人的睡眠时间极短，她总是工作到凌晨才入睡，第二天却能起个大早，收听英国《今日农业》节目。研究表明，这或许不仅仅是职业要求所造成的，一种叫做 *DEC2* 的基因才是影响人们睡眠时间的重要原因。

多国科学家们联合研究表明，少眠者们由 *DEC2* 基因编码的蛋白质分子中有一个氨基酸因其DNA序列发生了碱基替换突变，385号位的碱基C被碱基G所取代，因而在其控制合成的蛋白质分子中，相应位点的脯氨酸被精氨酸所取代。携带这种 *p385*（Position385）突变的人的睡眠时间明显少于不携带 *p385* 突变的人。另外，由 *DEC2* 基因编码的蛋白质分子中第362号位上的酪氨酸突变为组氨酸，称为*p. Tyr362His*突变体，带有该突变个体的睡眠时间也少于其他人，并且可以长时间不睡觉却依旧保持良好的反应能力。

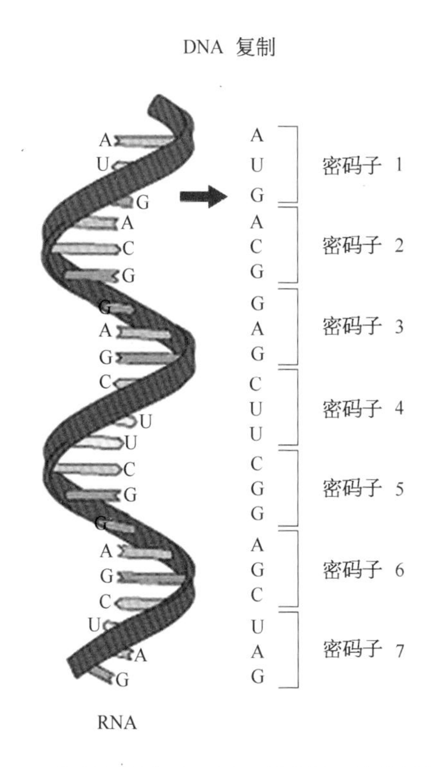

由此可见，*DEC2*基因与我们的睡眠时间息息相关，*DEC2*基因中的“铁娘子”——*p385*突变和*p. Tyr362His*突变，均会减少个体所需要的睡眠时间。

继*DEC2*基因的作用研究之后，科学家们又发现了新的少眠基因。*ABCC2*基因编码的SUR2蛋白组成了细胞膜的钾离子通道；储存在营养物质中稳定的化学能经过释放、转化为腺苷三磷酸（ATP）中活跃的化学能，成为机体各种生命活动的能源，而离子通道正是细胞中能量代谢的“传感器”。因此，具有*ABCC2*基因的人即使只有较短的睡眠时间，也能够精力充沛地投入第二天的工作当中。

此外，*ABCC2*基因编码的SUR2蛋白在心脏病、糖尿病发病机制的研究中也将起到十分重要的作用。随着时间的推移，关于睡眠基因的研究将不断深入。对*ABCC2*基因的研究，不仅揭示了它与睡眠时长的关系，更是开辟了心脏病和糖尿病研究的一个新方向。

14 基因可以美容吗

现在人们主要用各种化学品及植物提取物来防晒及美白去斑，随着基因科学的发展，未来的护肤潮流可能会逐渐走向基因护肤。

人类早期从植物中提炼天然有效组分非常困难，因此护肤品、化妆品的原料多来源于化学工业。从20世纪80年代开始，大规模的天然萃取分离技术逐渐成熟。皮肤专家发现，在护肤品中添加各种天然原料对肌肤有一定的滋润作用。此后，市场上护肤品成分中开始添加一些天然成分。

人们在欢呼各种新的天然成分不断被发现的时候，肌肤依然过早老化，代谢功能不断退化，肌肤并没有因新原料的不断应用而延缓衰老。

护肤品专家们这才惊异地发现：肌肤衰老的根本原因是肌肤氧化，只有对抗氧化才能阻止肌肤衰老。此时的护肤变得跟身体保养一样，需要一些功效性的作用，而不仅是保护、维持而已。

为了满足更多人特殊肌肤的要求，护肤品中各种各样的添加剂越来越多，所以导致很多护肤产品实际上并不一定是天然。

一些天然成分、矿物成分给肌肤造成了损伤甚至过敏，这给护肤行业敲响了警钟，追寻肌肤零负担成为现阶段护肤发展进程中最实质性的变革。

随着人体基因组的破译，不少与皮肤和衰老有关的基因也随之被破解。基因护肤其实就是修复细胞基因，以强大而有针对性的抗氧化物增加皮肤抵抗力，消除环境造成的损害，当最表层的皮肤脱落，换上底下那一层受到基因修复保护的皮肤时，皮肤状态便会越来越好，一层比一层更剔透光滑。从细胞护理进化到基因护理，不仅意味着对肌肤的护理更精准、深入，更意味着千百年来人们逆转时光的梦想似乎变得不再遥远。

英国伦敦国王学院克里斯·图马佐教授把他发明的微芯片基因快速测序仪用到了新领域——按每个人的DNA定做护肤乳清，这或许将成为延缓老化的最佳美容品。为个人“量身定做”专属的延缓老化护肤品，有可能彻底变革人们的护肤习惯。“这不是一种真正的护肤品，而是一种保持皮肤健康的产品，”图马佐说，“从某种程度上说，它不是乳清，而是最新的科学应用。”

美国美迪蔻基因美容研究中心的专家根据人体衰老的根源，精心研制了一套专门用于延缓衰老、祛除皱纹的针剂注射产品。此套针剂产品中含有合成DNA转换生长因子和免疫生长因子等高科技专利成分，能直接进入人体的淋巴和血液中，具有活化巨噬细胞的功能，使自身免疫系统达到最平衡的状态，向免疫细胞传递DNA信息，使这些免疫细胞活性增加，激活吞噬系统分泌出更多的吞噬细胞，以提高人体对外界侵蚀的免疫能力。

因此，对基因的深入探索有助于提升生活各方面的品质，利用基因的表达情况去评价化妆品的效果，将是以后美容界的发展趋势。

小贴士

需要提醒的是，现在市场上有很多打着DNA测试和护肤旗号的美容产品，大家在使用时要多长心眼，千万要小心！

爱美的老年朋友最好到正规医院的皮肤科、医学美容科门诊咨询专科医生后再行使用。

15 扑朔迷离的“聪明基因”

巴尔扎克曾说:“天才是人类的病态,正如珍珠是贝的病态。”人类历史上的那些天才,总会或多或少地受到精神疾病的困扰,天才与疯子似乎成为了一个硬币不可分割的两面。

那么天才与疯子的紧密联系和基因是否有关呢?所谓的“聪明基因”是否真的存在?它真的会让天才同时徘徊于疯狂的边缘吗?

研究表明,的确存在一些基因与智力密切相关。带有这些基因的人或者小鼠可以表现出比普通个体在学习记忆等方面的优势,我们不妨将其称作“聪明基因”。

Klotho 基因的功能变异体(KL-VS)是由 *klotho* 基因变异而得,有助于提高思考、学习、记忆等大脑功能,并且能够增强大脑中神经元之间的联系。大约20%的人会只携带一个KL-VS,这些人的大脑中负责计划和决策的区域面积更大。但是也有大约3%的人会携带两个KL-VS,他们的寿命反而更短,患中风的概率也更高。

Foxp2 基因是在一个称为KE的家族中被发现的,这个基因存在异常的人无法自主控制嘴唇和舌头的运动,发音和说话极其困难,而且他们也存在阅读理解障碍,很难理解别人说话。

NMDA受体是一种特殊的离子通道蛋白,广泛分布于与学习记忆密切相关的脑区,它的开闭同时受到电压与谷氨酸等神经递质的调控,在学习记忆和神经系统可塑性中起到关键作用,而“聪明基因”的导入可以增加NMDA受体的数量,增强学习和记忆能力,在一定程度上提升智力。如果将“聪明基因”通过转基因技术导入小鼠DNA，可以培育出“聪明鼠”。“聪明鼠”的学习和记忆的能力增强，但是它们对于疼痛和伤害的敏感性也增加。类似的，天才可能因为有过多的NMDA受体，在学习和记忆方面的天赋异于常人，但是戴上这样一顶王冠也让他们付出了沉重的代价：他们对于疼痛和伤害有了异常的敏感，我们看来很普通的事情可能会给他们施加巨大的压力，也让他们更容易患上精神疾病。

威廉姆斯综合征是由于7号染色体错排了20个基因，拥有威廉姆斯综合征的患者天生就有学习障碍，心脏、肾脏功能也不正常，但是他们有着音乐和数学方面的天赋，而且社交能力也非常好。由于基因的缺失，他们也会面临精神方面的一些问题，比如饶舌且话语不连贯、情绪大幅波动、保持注意力时间短、对某件事情容易过度沉迷并且对噪声过于敏感等。相似地，15号染色体异常的人，较容易患上恐慌、焦虑失调等精神疾病，但是由于基因异常也可能使他们的智力飞跃而成为天才。

为什么基因的缺失或者是错排会同时创造天才和疯子呢？可能的解释是，如果说人脑当中存在着一种机制规范着我们的行为，使之不偏离正常轨道的话，这一机制有的时候也会压制住一些想法。一旦由于基因的错排让这一控制机制失效了，情绪和行为就很容易失控，表现为精神疾病，但是因此他们的想法和创意也不再受到压制，而是源源不断地冒出来，从而成为天才。

当然，并不是所有的基因失序都会成就天才。有的时候受影响的是行为基因，而有时候受到影响的是体形或者免疫系统，这时患者主要表现为患有一些疾病而并不能表现出某一方面的天赋。

智力是受到多个基因共同影响的，*klotho* 基因和 *Foxp2* 基因对于智力的确有一定的促进作用，但我们并不能直接说哪一个基因就是

"聪明基因"，尽管当前科学家对于"天才为什么往往都是疯子"提出了一些可能的解释，其具体的作用机制仍然需要进一步的研究。

 什么是"熊猫血"

"熊猫血"是Rh阴性血的俗称。与我们熟知的ABO血型系统一样，Rh血型也是一种人体血型系统，二者之间为平行交叉的关系。目前已知人体的红细胞血型系统多达20余种，其中最有名且最常用的为ABO血型系统，而Rh血型系统也是与人类输血关系最为密切的血型系统。

不同血型之间输血，有可能会发生凝血反应甚至危及生命。ABO血型系统中4种血型的人体内抗原和抗凝集素的分布情况见表1。

表1　ABO血型体内抗原和抗凝集素分布情况

血型	红细胞上		血清中	
A型	无A抗体	有B抗体	有抗A凝集素	无抗B凝集素
B型	有A抗体	无B抗体	无抗A凝集素	有抗B凝集素
AB型	有A抗体	有B抗体	无抗A凝集素	无抗B凝集素
O型	无A抗体	无B抗体	有抗A凝集素	有抗B凝集素

当A型血的人接受了B型血，自身红细胞上的B抗原就会与外来

红细胞发生特异性结合，产生凝血现象。Rh 血型系统中的阴性型与阳性型两种情况也是以红细胞表面的抗原为区分依据的。

这里的“Rh”是恒河猴（Rhesus Macacus）外文名称的头两个字母。那么，“恒河猴”又与 Rh 血型有什么关系呢？

1940 年，两位科学家将恒河猴的血液注入家兔体内后，得到一种免疫抗体，这种血清中的免疫抗体不仅能凝集恒河猴的红细胞，且能凝集 85％的白种人的红细胞，从而证明了这些白种人的红细胞与这种猴子的红细胞上有共同的抗原，因而便取恒河猴的英文字头“Rh”作为这种抗原的名称。有 Rh 抗原的称为 Rh 阳性，没有 Rh 抗原的则为阴性。

目前，在 Rh 血型系统中已经发现了 49 种抗原。其中以 C、c、D、E、e 这 5 种抗原在临床上较为重要。而这之中，又以 D 抗原具有最为强烈的免疫原性。所以，我们通常所说的 Rh 阳性、Rh 阴性血型，就是根据红细胞表面是否表达 D 抗原来区分的。表达 D 抗原的称为 Rh 阳性血型，反之，则称为 Rh 阴性血型。当 Rh 阴性个体输入 200 毫升 RhD 阳性血时，有 80％的可能产生同种抗体，引起输血反应甚至死亡。

红细胞表面的 Rh 抗原由 Rh 多肽表达，主要由两个基因编码：*RHD* 基因编码 D 抗原，*RHCE* 基因编码 C/c 和 E/e 抗原，所以通常认为的 Rh 阴性、阳性的遗传主要由这两对相关基因控制。

由于 Rh 阴性血型在数量上相对是稀少而珍贵的，像是熊猫一样，因此俗称为“熊猫血”。尤其是 AB 型 Rh 阴性血型的人口数量更加稀少。

针对这种稀有血型，在医院的血库中都有这些人的登记记录，危急时刻可以呼请相互救助。

据研究统计，Rh阴性血型在白种人中占15%～17%，在非洲裔人中占3%～5%，在亚裔中平均不到1%。中国人Rh阴性血型的比例为0.3%～0.5%。因此，在我国Rh阴性用血者与献血者在人群中的比例都很低，采供血机构的Rh阴性血库存量也较低，这就使得Rh阴性血库存的抗缓冲能力相对较弱，在出现临床Rh阴性患者用血较为集中或用量较大时就可能出现Rh阴性血供应紧张的状况，也常常引起媒体及公众的高度关注。

17 蔚蓝的眼眸：瞳色之谜是什么

美剧《权力的游戏》中，行走在冰冷荒原上的“异鬼”令许多观众毛骨悚然，“异鬼”们那双蓝色的眼眸也成为一种神秘的标志。而这蔚蓝色的眼眸不只是电视剧中遥远种族的独有印记；在孟加拉国达卡，有一名男孩也拥有同样的蓝色眼眸。不同于大多数西方人的浅蓝色瞳孔，这名男孩的瞳孔呈现深邃的蔚蓝色。人们对这双迷人的眼睛充满了羡慕与好奇，究竟是什么原因让这名男孩拥有如此独特的眼眸呢？人类颜色各异的瞳孔又是什么因素导致的呢？

人体眼睛的晶状体前方有角膜、瞳孔和虹膜。其中，角膜是与空气直接接触的折光结构，透明无色；瞳孔是虹膜中心的小圆孔，是控制光线进入眼睛的通道，因此我们所说的瞳色实际上指的是虹膜的颜色。

虹膜的基质层、前界膜和后上皮层中含有大量的色素细胞，虹膜的颜色又取决于这些细胞中所含色素的多少。虹膜的颜色可以粗略地分为褐色、蓝色和绿色，其他颜色的虹膜则是这三种颜色的变体。东方人虹膜色素细胞中的色素含量多，眼睛颜色就深一些；而西方人虹膜色素细胞中的色素含量少，眼睛大多为浅蓝色。

虹膜中黑色素合成和分布的差异导致了虹膜显色的差异。在形成黑色素的过程中，酪氨酸酶基因（*Tyr*）、酪氨酸酶相关蛋白 1 基因（*Tyrp*1）和酪氨酸酶相关蛋白 2 基因（*Dct*）是编码这些蛋白质的重要基因。由 *Tyr* 基因编码的酶参与催化黑色素形成的多个步骤，直接决定黑色素的生成量；由 *Tyrp*1 基因编码的相关蛋白质在黑素细胞和视网膜上皮细胞中均有表达；而由 *Dct* 基因编码的相关蛋白质主要具有加速黑色素生成的作用。

Tyr 基因的表达水平决定了虹膜组织中的黑色素含量，从而决定了瞳色的深浅差异。人体黑素细胞的数量大致相同，*Tyr* 基因表达水平高的个体黑素细胞产生的黑色素多，瞳色也就越深。此外，根据体液的 pH 可以将不同的个体分为酸性体质和碱性体质。碱性体质更有利于基因的表达，虹膜中合成的黑色素相应也较多。

HERC2 和 *OCA2* 基因的相互作用与人体色素沉淀有直接联系，因而与蓝色虹膜的形成有直接联系。人体的发色和皮肤颜色也是不同色素沉淀情况的直观表现。*HERC2* 基因上的两个 SNP，以及位于 *OCA2* 基因上的 3 个 SNP 均与色素沉淀表现相关，且与瞳色也有显著联系。蓝色虹膜的形成，则是 *HERC2* 基因上的两个 SNP 位点作用的结果。

发色、肤色同虹膜颜色一样，其深浅程度皆是色素沉淀不同所导致的。我们不能忽视同一个基因对三者性状表现的同时作用，但也不能将他们完全联系起来；基因对它们既有共性影响，又存在相互作用，而且不同基因对其中某一性状还可能存在主导作用。

小贴士

对于两只眼有不同颜色虹膜的人或动物，我们亦会称他/它拥有“双色瞳”或“异色瞳”。如可能一边是蓝色，但另一边是灰色的。一般而言，现实生活中最容易有“异色瞳”的都是动物，例如波斯猫，但在极罕见的情况下也会出现天生就有“异色瞳”的人类。这是基因变异的一种，通称虹膜异色症，一般是无害，少数可能伴随着一定的先天性残疾。

三、基因与生物医药

18 什么是白血病

白血病是一种造血器官恶性肿瘤,俗称血癌。由于其主要累及白细胞(俗称白血球),而且大多数患者外周血中白细胞数量明显增多。因此,我们将这种病称为白血病。

白血病的本质是位于骨髓的造血干细胞或祖细胞发生恶性增殖、分化受阻及凋亡异常。一般而言,在人体中行使正常造血功能的是骨髓,骨髓中的造血干细胞通过正常的分裂分化形成各种血细胞和淋巴细胞,当它们达到一定寿命之后,就会经过凋亡而"寿终正寝"。恶性增殖意味着白细胞繁殖过度,失去控制;分化受阻就是白细胞不能正常地从幼稚阶段逐渐走向成熟,当然也就没有各种正常白细胞所具备的功能,而且像其他恶性肿瘤一样,可以侵入各器官组织,并破坏其相应的正常功能;凋亡异常指白细胞不能正常地依照一定程序逐渐死亡,通常是凋亡受阻,死亡延迟。

目前认为分化受阻是白血病最主要的病理过程,由于白细胞不能成熟而大量堆积在体内,并浸润各器官和组织,引发了白血病的各种临床征象。

一个多世纪以来,流行病学家及生物医学家一直在孜孜不倦地探索白血病的发病原因,虽然已获得不少有价值的资料,但至今尚未真正揭开谜底。目前虽收集了不少有意义的、与白血病相关联的危险因素,也就是导致白血病的"嫌疑犯",但难以"定案"。

遗传

(1) 白血病在某些家族中有聚集性,也就是一家人中有多位先后患白血病且类型往往相同。

(2) 双胞胎，尤其是同卵双胞胎中，如果一人患白血病，则另一人在1年内发生白血病的概率是正常人的5倍。

(3) 近亲婚配的人群中，急性淋巴细胞白血病的发病率较正常人群高出30倍。

污染

(1) 射线：放射科学工作者白血病的发病率是正常人的5～10倍。不过，需要说明的是，为诊断目的进行有关的放射线检查(如X线摄片及CT检查)，通常无致白血病的危险，但妊娠期间应该避免含有放射线的检查。

(2) 化学物质：根据检测，各种板材、乳胶漆和新家具都含有化学合成物质，这些物质会逐渐释放有毒气体，这是长期生活在新装修环境里的人容易患白血病的原因。此外，长期吸烟或长期接触染发剂等的人也容易患白血病；还有，接受化疗药物治疗肿瘤或自身免疫性疾病也可诱发白血病。

白血病的确是一种比较常见的恶性肿瘤，在日常生活中，人们可以通过早预防、早发现来降低白血病的发病率，以提高白血病的治愈率。

小贴士

白血病被称为血癌，可见其对生命的危害程度之甚，不少人深受其害。

我国科学家率先发现用传统中药砒霜(又称信石，即三氧化二砷)可有效治疗早幼粒细胞白血病，并首次阐明了其治疗机制：砷剂是通过对人体基因甲基化模式的影响而治疗血癌或导致血癌的。这为今后研究如何在增强砷剂对癌症的治疗作用的同时，尽量减少其副作用，更好地指导临床用药打下了坚实的基础。

19 药物是如何在人体中“旅行”的

当我们生病时,需要服用各种药物来治疗疾病。其实,药物在人体内的这段“旅行”过程并不简单,有一个专业名词叫药物代谢动力学,简称药动学,专门来研究药物的ADME过程,也就是药物在人体内的吸收(absorption)、分布(distribution)、代谢(metabolism)和排泄(excretion)的过程。

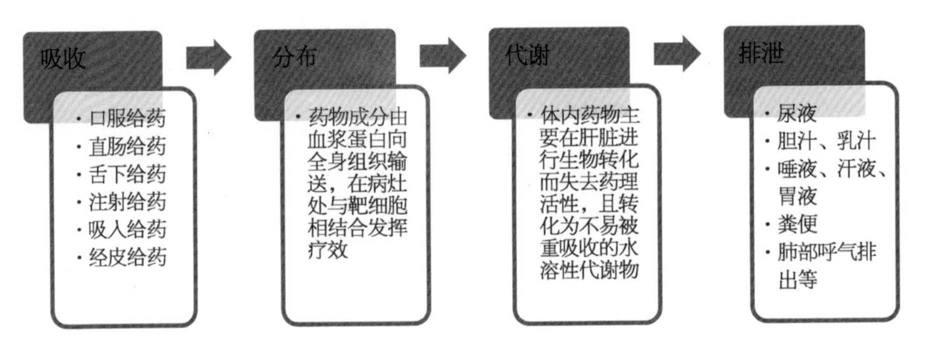

第一站:吸收

药物的吸收是指药物从体外或者给药部位,经过细胞组成的屏障,进入血液循环的过程。药物进入人体血液主要有以下六种方式。

(1)口服给药:这是最常见的给药方式之一,但它最大的缺点是吸收较慢且不完全,不适用于对胃肠刺激较大的、首关消除多的药物,也不适用于昏迷及婴儿等不能口服的患者。

(2)直肠给药:不如口服给药那么迅速和规则,它最大的优点就是能避免对上消化道的刺激。

(3)舌下给药:吸收迅速,没有首关消除,所以特别适合那些心肺功能不好,易发心肺急症(如心绞痛、哮喘等)的人。

(4) 注射给药：可使药物迅速而准确地进入体循环，没有吸收过程。

(5) 吸入给药：一些气体及挥发性药物经过呼吸道直接进入肺泡，由肺泡表面吸收，产生全身作用的给药方式。

(6) 经皮给药：将药物涂擦于皮肤表面，经完整皮肤吸收的给药方式。

第二站：分布

药物终于进入了血液，这时它们将“搭乘”血液中的“运输工具”血浆蛋白(血浆蛋白是多种蛋白质的总称，血浆蛋白可分为清蛋白、球蛋白和纤维蛋白原等)，通过血液循环迅速向全身组织输送。经过一段时间之后，血液中的药物浓度趋向于稳定，分布达到平衡，由于药物与组织蛋白的亲和力，各组织中的药物浓度并不均等。因此，在制药时常利用这一点，使制造出来的药物能够在规定的地方“下车”，即在病灶处与靶细胞相结合，准确地发挥疗效。

第三站：代谢

药物，作为外来活性物质，机体首先要将它灭活，同时还要促进其在体内消除。因为能大量吸收进入体内的药物多是脂溶性的药物，如果直接排泄，容易被再吸收，不易消除。所以，体内药物主要在肝脏进行生物转化而失去药理活性，并且被转化为不易被重吸收的水溶性代谢物排出体外。

第四站：排泄

药物在“体内旅行”的最后一站是排泄，其中肾脏是主要的排泄器官。药物也可以向胆汁中排泄。碱性的药物也可以通过乳汁排泄，这也是为什么哺乳期的妈妈最好不要服用某些药物的原因。除此之外，唾液、汗液、胃液等也会有药物扩散进来。粪便中的药物多数是口服未被吸收的药物。肺是某些挥发性药物的主要排泄途径，某些药品如藿香正气水中含有乙醇，乙醇就是通过肺部呼气排出的。

药物就是在这短短的旅途中，对人体发挥了它的作用，治疗疾病，守卫着我们的健康。

20 乳腺癌只偏爱女性吗

乳腺癌一直是女性们谈之色变的疾病。据 2017 年《中国肿瘤登记年报》显示，乳腺癌居女性恶性肿瘤发病率首位，每年新发病例约 27.9 万，并以每年 2％左右的速度递增。

乳腺癌只是女性的噩梦吗？随着一些男性“名人”患病，人们渐渐发现原来男性也会患乳腺癌。

乳腺癌也是癌症的一种。癌症的形成源于一些失控增殖的细胞。从基因上来说，这些细胞中用于控制正常分裂和抑制异常增殖的原癌基因和抑癌基因发生突变，最终使正常细胞转变为了不受控制的癌细胞。乳腺癌便是发生在乳腺上皮组织的癌症。

乳腺癌是一种雌激素依赖性肿瘤，在乳腺癌发生发展的过程中雌激素起着重要的作用。而雌激素须通过雌激素受体（ER）介导发挥作用，ER 包括雌激素受体 α（ERα）和雌激素受体 β（ERβ）。ER 相关基因包括 *ERα* 基因和 *ERβ* 基因，相关研究表明 *ERα* 基因表达缺失或突变与乳腺癌预后不良有关，而 *ERβ* 基因表达与乳腺癌预后关系的相关研究却不尽一致，且基因多态性可能会影响 ER 在不同个体中的表达水平或功能，进而影响生物学作用的发挥。

引发乳腺癌的罪魁祸首之一就是

编码雌激素受体的基因发生了突变。

由于男性也具备乳腺组织，体内也存在雌激素和雌激素受体。并且，有研究表明睾丸液、附睾液与精液中雌二醇浓度并不低，因此男性也会患乳腺癌。男性患乳腺癌的诱因和女性相似，也可能与雌激素失调有关。

然而，相对于女性乳腺癌，男性乳腺癌确实非常少见，在所有乳腺癌中所占比例不足1%，约占男性恶性肿瘤的0.1%。这是因为男性体内虽然也有雌激素，但其含量却远远低于女性。当男性体内雌激素水平增高时，其发病危险性就会增高。

虽然男性患乳腺癌的风险远小于女性，但也不可因此就放松警惕。据统计，男性乳腺癌发病年龄偏大，国外报道平均发病年龄为65～67岁，国内报道平均发病年龄为50～60岁，较女性发病年龄晚5～10年。并且，由于男性乳房较小，因此乳腺肿瘤多位于乳晕区，此处有丰富的淋巴管，肿瘤容易发生淋巴转移，所以男性乳腺癌患者的临床TNM分期大多较晚。除此之外，由于男性常常忽视乳腺癌的患病可能，往往导致检查出乳腺癌已是晚期，这对治疗也非常不利。

当乳腺癌让女士们闻之色变时，男士们也应当敲响警钟，别让自己在不知不觉中成为乳腺癌的下一个受害者。

21 致命杀手——埃博拉病毒是怎么回事

埃博拉病毒(Ebola virus, EBOV)又译作伊波拉病毒，自2013

年埃博拉出血热疫情暴发开始，才逐渐走入人们的视野。事实上，早在1976年，人们便在苏丹恩扎拉和刚果民主共和国的杨布库发现了埃博拉疫情。EBOV便是因为发生在位于埃博拉河附近的一座村庄而得名。

EBOV属丝状病毒科，由核酸和蛋白质外壳组成，直径约为100纳米，粒长度大约为1 000纳米。在电子显微镜下观察，EBOV就像是一只精美的玉如意。

EBOV还是个“大家族”，可分为扎伊尔型、苏丹型、本迪布焦型、塔伊森林型和莱斯顿型5种亚型。科学家发现，除莱斯顿型病毒对人不致病外，其余4种亚型人感染后均可导致人发病。

EBOV的基因组有约18.9千碱基对(kb)，不分节段，拥有7个开放阅读编码框，编码7种病毒特异型结构蛋白。EBOV的病毒核心由两种核糖核蛋白(RNP)及一条RNA分子构成，其中的线性负链RNA分子呈螺旋状，除了结合有两种核糖核蛋白(VP35和VP30)外，还结合了1种结构蛋白L，该L蛋白即为依赖RNA的RNA聚合酶；VP35蛋白是L蛋白的一种辅因子，与EBOV复制相关；VP30则与EBOC的转录有关。

对EBOV引起人类致病的机制我们目前尚不完全清楚。其所致埃博拉出血热(EVD)的病理改变是单核吞噬系统受损、弥散性血管内凝血以及全身器官坏死。其中，肝、肾、脾等脏器坏死尤为严重。由此，研究人员猜测病毒进入机体后，可能首先在局部淋巴结感染单核细胞、巨噬细胞和其他单核吞噬系统的细胞。当病毒释放到淋巴或血液中，便可以引起肝脏、脾脏以及全身固定的或移动的巨噬细胞感染。感染的单核、巨噬细胞同时被激活，释放大量的细胞因子和趋化因子，其中也包括肿瘤坏死因子。

埃博拉出血热具有对宿主免疫反应的抑制作用。研究表明EBOV的VP35蛋白具有抑制干扰素产生功能。

在EBOV感染晚期，患者的脾脏和淋巴结中可检测到大量的淋巴细胞凋亡，推测EBOV感染将直接攻击免疫细胞，导致其凋亡。不得不说，EBOV的攻击手段非常高明，一旦感染者的淋巴细胞大面积死亡，其免疫系统就将面临崩溃，这让EBOV得以在患者体内快速繁殖，最终导致患者死亡。

那么，如此可怕的EBOV是怎样传播的呢？科学家研究发现，EBOV广泛存在于患者的血液、唾液、精液、尿液、汗液和其他分泌物中的。它最主要的传播途径是通过接触传播。通过接触患者和被感染动物的各种体液如分泌物、排泄物及其污染物而感染，传染性极强。感染后引发的埃博拉出血热的潜伏期为2～21天，一般为5～12天。避免接触上述物品，可以减少感染EBOV的可能性。

目前，据世界卫生组织消息，EBOV已得到有效控制。

22 “皇室遗传病”——血友病有什么奥秘

英国维多利亚女王（1819—1901）由于携带隐性遗传病——血友病的基因，她的9个子女又都与欧洲各国的王室成员联姻，使得欧洲王室成员的后代中有几位是血友病患者。因此，血友病又被称为欧洲的“皇室遗传病”。

血友病分为A、B两型。A型血友病是凝血因子Ⅷ缺乏所导致的出血性疾病，其发病率约为先天出血性疾病的85%；B型血友病又称凝血因子Ⅸ缺乏症，其发病率比A型血友病低得多，患B型血友病的患者占所有血友病患者的15%～20%。

血友病患者最明显的病征便是出血，皮肤、黏膜、关节、肌肉、消化道极容易在过多活动后出血，甚至会出现血尿的症状。血友病患者群是“不能受伤的重点保护人群”，小手术甚至是极小的创伤都会引起他们出现缓慢而持久的渗血或出血症状。此外，血友病患者身体的任何部位都可能出现血友病性血囊肿（即假肿瘤）。这些血肿还可能压迫患者的神经，使这些神经所支配的区域变得麻木，或者引起剧痛和肌肉萎缩。

血友病是一种与性别相关的疾病，其致病基因位于X染色体上，并且是一种隐性遗传病。研究发现，位于X染色体上的*F8*基因发生突变会造成其控制合成的凝血因子Ⅷ活性降低（小于1%），同时还会产生凝血因子Ⅷ的抑制物；*F8*基因的外显子缺失突变还可造成凝血因子Ⅷ含量减少或功能缺陷，导致A型血友病的发生。而位于X染色体上的*F9*基因发生了突变，会使凝血因子Ⅸ的肽链变短，从而导致B型血友病的发生。

由于血友病是一种伴性隐性遗传病，在正常女性与患病男性的后代中，男孩皆是健康的，女孩却皆为致病基因的携带者；在女性携带者与正常男性的后代中，男孩的患病率高达50%，生育的女孩尽管不是患者，但却仍有50%的可能性成为致病基因的携带者；在女性携带者与患病男性的后代中，健康男孩与患病男孩的概率各半，健康女孩与携带致病基因的女孩概率也各半；在女性患者与健康男性的后代中，男孩皆为血友病患者，而女孩皆为致病基因携带者。

长期以来，血友病的传统治疗停留在向患者输入纯化*F8*或*F9*的血液，这种方法不仅费用昂贵，治标不治本，而且有感染更多病毒（如艾滋病病毒、肝炎病毒等）的危险。近年来，发展迅速的靶向治疗进入了人们的眼帘。靶向治疗是将正常的外源基因导入靶细胞，纠正或补偿其基因缺陷。

目前，血友病基因疗法还需要不断地尝试、探索与发现。在了解了血友病的发病机制后，基因检测技术已运用到血友病的诊断当中。例如，利用 LD－PCR 和 I－PCR 技术可以快速检测 *F8* 基因的倒位突变，将其用于产前诊断中，便可有效检测胎儿是否会患有血友病，从而降低新生儿血友病的发病率。

随着血友病发病机制研究的不断深入和基因治疗技术的不断发展，血友病有朝一日将不再是无法攻克、令人畏惧的疾病。

超级细菌是如何产生的

1928 年，弗莱明发现了青霉素，拯救了无数的生命。然而，几乎是伴随着抗生素的诞生，细菌的耐药性也开始发展。细菌的耐药性主要有天然耐药和获得性耐药两种，产生的具体方式大致有以下三种。

（1）天然耐药菌株：早在 20 世纪 40 年代，微生物学家已经用一些巧妙的实验证明了细菌在接触抗菌药物之前，就已存在具有耐药能力的突变株。只要使用一次抗生素，就相当于对细菌进行了一次自然选择，敏感菌被清除而天然耐药菌株存留下来并开始大量繁衍。

（2）质粒传播产生耐药菌株：质粒是一种能独立复制的染色体外的遗传因子，广泛存在于生物界。细菌中携有耐药基因的质粒又称 R

因子(R-factor),可通过接合、转化及转导等方式在细菌细胞间传递,从而产生耐药菌株,并大量扩散繁衍。

(3) 染色体基因突变:遗传基因DNA发生变异使菌株获得耐药性,但发生率较低。

获得耐药性的细菌就会制造出能灭活抗菌药物的物质,如各种灭活酶使药物结构发生改变或失去活性,如β-内酰胺酶可使青霉素和头孢菌素的β-内酰胺环水解裂开而使其失去活性,或通过改变自身代谢规律如代谢途径等来使抗菌药物失效。例如对磺胺类耐药的细菌,不再利用对氨基苯甲酸及二氢蝶啶合成自身需要的叶酸,而是直接利用叶酸。有些细菌还可增强外排,加速泵出菌体内的药物,或是从基因层面上形成细胞膜起到物理屏障作用,成为人们口耳相传中的耐药菌。

在早期,细菌的耐药性主要表现为对某类药物的耐药。如今随着抗生素的滥用,对耐药菌的选择性加强,耐药菌通过在不同种、属间的细菌间进行的转座子的介导,扩大了耐药性传播的宿主范围,各种新型的超级细菌如耐甲氧西林金黄色葡萄球菌(MRSA)、铜绿假单胞菌和含*NDM-1*肠杆菌不断出现,对大部分抗生素都具有耐药性,铜绿假单胞菌对氨苄西林、阿莫西林、头孢呋辛酯片(西力欣)等8种抗生素的耐药性达100%,含*NDM-1*肠杆菌其中的酶可以水解各类β-内酰胺类药物,甚至对常被认为是紧急治疗抗药性病症的最后方法的碳青霉烯类抗生素也具有耐药性。

蒂姆·沃尔什在《柳叶刀》上发表的关于*NDM-1*基因的论文中说:"编码*NDM-1*的质粒在全世界流行的潜力显而易见又令人恐惧。"(*NDM-1*基因位于质粒上,具有自我复制能力,能遗传给子代,也能在细菌之间传递)

如果不合理使用抗生素、不尽量减少耐药菌的产生,后果可想而知。因此,目前需加大对细菌耐药机制的研究，以保证人类能对抗愈发强大的耐药菌。

24 CAR-T免疫疗法是怎么回事

有一个名叫埃米莉·怀特海德的小女孩，她在5岁时被诊断出患上急性淋巴细胞性白血病，正在她的家人绝望的时刻，转机出现了。

医生抽出她的白细胞，进行基因改造，然后又将这些细胞回输到她的体内。在住院一段时间后，她渐渐苏醒并恢复，经过检查，医生发现她的癌细胞已经没有了，骨髓完全正常。

这个小女孩采取的治疗方法，就是嵌合抗原受体T细胞（CAR-T）免疫疗法。

免疫疗法是近年来治疗癌症的一种新型方法，全称肿瘤细胞生物基因免疫疗法。基本原理是通过提取患者自身的免疫细胞进行修饰和培养，增加其杀伤力和数量，再将其回输到患者体内，从而通过免疫细胞杀死癌细胞的方法。

CAR即嵌合抗原受体，由T细胞受体的胞内信号区、跨膜区以及胞外抗原结合区组成，而这个胞外区具有抗体单链可变区片段功能即识别特定肿瘤抗原的功能。这种CAR转染的T细胞具有抗体的特异性和效应T细胞的细胞毒作用。根据应用中的问题，研究者不断对CAR进行改进，至现在为止，至少有4代CAR已经产生。

1989年，以色列魏茨曼科学研究所的化学家、免疫学家齐利格·伊萨哈开发了第一种嵌合抗原受体T细胞。

2011年，美国宾夕法尼亚大学佩雷尔曼先进医学中心的卡尔·朱恩(Carl June)等人利用CAR－T细胞对3例白血病患者开展临床试验，取得了令人振奋的效果。

CAR－T免疫疗法的基本原理主要就是提取患者的T细胞，并用CAR修饰T细胞，然后扩增制备出CAR－T细胞，最后回输到患者体内，并通过这种细胞来杀死癌细胞。其步骤主要分为：①提取：从患者身上提取T细胞。②制备：制备CAR－T细胞。③增殖：将制备好的细胞进行扩增。④回输：将CAR－T细胞回输到患者体内。⑤观察：观察不良反应。

CAR－T属于第四代细胞疗法，其主要的优点是具有明确的靶向性。靶向性就是杀伤性免疫细胞在消灭癌细胞时的方向性和明确性。如果没有对靶向性的保证，那么培养出的免疫细胞会毫无分别的攻击细菌、病毒、坏细胞，而不是针对癌细胞，那么即便有再多的免疫细胞，也是没有用的。

就像一群警察去追捕一群逃犯，却没有逃犯的照片，只能漫无目的地控制所有可疑人员，真正的逃犯们却可能趁乱逃走了。而CAR的胞外区带有识别特定肿瘤的抗原的功能，就像是警察了解了逃犯的特征，很快就能找到逃犯。正因为这个重要的优势，CAR－T在临床试验上取得了良好的效果。

CAR－T技术虽然具有非常好的效果，但是，它也具有一些缺陷。

首先，CAR－T疗法会产生一些副作用。最主要的副作用叫做细胞因子风暴。细胞因子风暴其实是免疫系统被激活到极限以至于失去控制后的反应。

其次，CAR－T技术在治疗实体癌的方面效果不甚理想。

此外，CAR－T疗法在治疗特定疾病时，效果总是有差异，在治疗初期取得良好效果之后并不能排除复发的可能。

总之，CAR－T技术还有许多弊端和缺陷需要技术的进步来解决。

涂抹防晒霜可以预防皮肤癌吗

为了备战夏日防晒，你是否已经购入防晒霜了呢？

在日常生活中提到防晒霜，我们更多的想到的是防晒、美白，可你是否想到皮肤过度被太阳光照射也会对健康造成一些不利影响呢？

太阳光中有一部分为紫外线，过多地接触紫外线辐射可导致皮肤被晒伤、晒黑，出现皮肤光敏反应、皮肤光老化甚至皮肤癌等。在这个谈癌色变的时代，人们不禁思考：如何才能预防皮肤癌呢？涂抹防晒霜可以预防皮肤癌吗？

皮肤癌即皮肤恶性肿瘤，根据肿瘤细胞的来源不同而有不同的命名。皮肤癌的形成可能与以下因素有关：

日常暴晒与紫外线照射；

化学致癌物质；

放射线、电离辐射；

慢性刺激与炎症；

其他。

紫外线导致皮肤肿瘤是一系列复杂的生物学过程，它包括了DNA光产物形成、DNA修复、原癌基因和抑癌基因突变、免疫抑制、活性氧与自由基损伤等方面。紫外线照射可引起多种DNA损伤，其中最主要的是环丁烷嘧啶二聚体和6-4光产物的形成，它们能引起DNA发生以CC→TT置换为特征的突变，而且还可引起双嘧啶部位高频率的C→T改变，这是诱发皮肤肿瘤的开始。此外，紫外线调节免疫反应，能使受其诱导而形成的皮肤肿瘤逃避机体的免疫监视，在某种程度上促进肿瘤的形成。在幼年和青年时期，过多地暴露于太阳光和晒伤的形成会在很大程度上增加患基底细胞癌和鳞状细胞癌的危险。

防晒霜有效成分包括无机、有机化合物成分。

物理防晒剂主要是反射和散射紫外线辐射的化合物，大多为微粒化的金属氧化物，如氧化锌和二氧化钛。物理防晒剂具有很好的防护紫外线的功能。近年来，开始使用纳米级的二氧化钛和氧化锌粉体作为防晒剂，这类制品透明度好，不会产生粉体不透明而发白的外观，防护作用很好且具有化学惰性，较为安全。

有机成分通常是芳香族化合物，可以吸收特定的波长，且可将能量转化。目前有三类：

UVB紫外线吸收剂，如对氨基苯甲酸酯及其衍生物、水杨酸酯及其衍生物、肉桂酸酯类、樟脑类衍生物；

UVA紫外线吸收剂，如二苯（甲）酮、丁基甲氧基二苯甲酰甲烷类化合物；

UVA和UVB紫外线吸收剂，如甲酚曲唑三硅氧烷及阿伏苯宗。

防晒霜的防护机制有一部分与皮肤癌的形成是有关的。英国一项最新研究发现，防晒霜对预防皮肤癌的功效有限，要保护皮肤健康，应该多种防晒措施并用。

恶性黑色素瘤是致死率最高的皮肤癌之一，过度日晒是引发此类疾病的重要因素，但紫外线对皮肤细胞内脱氧核糖核酸的破坏机制目前尚不明确。

防晒霜虽然可以延缓紫外线对皮肤细胞脱氧核糖核酸的破坏过程，但无法从分子层面为皮肤提供完全的保护，也不能从根本上防止癌变发生。晒伤意味着脱氧核糖核酸受损，会增加患皮肤癌风险。涂抹了防晒霜并不能避免皮肤癌变，需采取多种防晒方法才能起到更好效果，如果因此反而在阳光中暴露更长时间，则会增加患皮肤癌的总体风险。

26 如何摘掉“肝炎大国”的帽子

乙肝全称慢性乙型肝炎，是由于人体感染乙型肝炎病毒（HBV）引起的病毒性疾病。乙型肝炎在我国蔓延甚广，每年由乙肝引发的肝癌导致几十万人口死亡。因此，有人称我国是“肝炎大国”。

乙肝病毒于1965年被发现，属于DNA病毒，只会感染人和猩猩。乙肝病毒在电子显微镜下可呈3种形态的颗粒结构：直径约42纳米的大球形颗粒、直径约22纳米的小球形颗粒以及管型颗粒。大球形颗粒为完整的病毒颗粒，由包膜和核衣壳组成，包膜含乙肝表面抗原（HBsAg）、糖蛋白和细胞脂肪，核心颗粒内含核心蛋白（HBcAg）、环状双股HBV－DNA和HBV－DNA多聚酶，是病毒的完整形态，有感染性。小球形颗粒以及管型颗粒均由与病毒包膜相同的脂蛋白组成，前者主要由HBsAg形成中空颗粒，不含DNA和DNA多聚酶，不具传染性；后者是小球形颗粒串联聚合而成，成分与小球形颗粒相同。

在日常生活中，经常听到“大三阳”“小三阳”“乙肝二对半”的说法。实际上，从一定意义上讲，“大三阳”和“小三阳”是基于“乙肝二对半”的两种提法。“乙肝二对半”是判断是否感染乙肝病毒或粗略估计病毒复制水平的五个初步检查指标的合称，“大三阳”和“小三阳”都是反映人体携带乙肝病毒的一种状态，是“乙肝二对半”的两种不同结果。

所谓“乙肝两对半”，是给乙肝标志五项检测指标排了队，它们依次是：①乙肝表面抗原；②乙肝表面抗体；③乙肝e抗原；④乙肝e抗体；⑤乙肝核心抗体。通常又把①、③、⑤项呈阳性（或＋）称为“大三阳”，又称e抗原阳性慢性乙肝；①、④、⑤项呈阳性（或+）称为“小三阳”，又称e抗原阴性慢性乙肝。

无论乙肝“大三阳”还是乙肝“小三阳”都不能反映肝脏功能的正常与否，也不能用“大三阳”“小三阳”来判定疾病严重与否。“大三阳”传染性强，乙肝病毒在体内复制能力较强，这部分乙肝病毒复制率较高的患者，容易复发，这种肝病频繁发作者容易发生肝硬化甚至肝癌；“小三阳”说明病毒在体内复制能力较弱，传染性相对不强。不过许多“小三阳”患者，如乙肝病毒在体内生存长达几十年，而且HBV-DNA持续阳性，肝实质受损害往往比“大三阳”还重，肝硬化的发生率甚至高于“大三阳”。如HBV-DNA持续阴性者，预后相对较好。无论是“大三阳”“小三阳”，只要HBV-DNA阳性，建议每3个月检测1次HBV-DNA和肝功能，根据检查结果决定是否治疗，如符合抗病毒指征，应该进行抗病毒治疗。

现阶段有3种乙肝抗病毒治疗方式：干扰素治疗、口服核苷酸类似物，以及干扰素和口服抗病毒药物联合给药。但这3种方法都存在着问题。

干扰素类包括普通干扰素和聚乙二醇干扰素，其作用机制主要是通过调节免疫，通过免疫激活NK细胞或NKT细胞，对病毒基因的转录产生阻断效果，从而破坏乙肝病毒衣壳蛋白的稳定性。但这种疗法的副作用大，个体治疗效果差异性大。

核苷酸类似物主要分为核苷类以及核苷酸类药物。它们的作用机制彼此之间比较相像，都是抑制HBV-DNA的逆转录复制环节，快速实现乙肝病毒指标转阴，并且能够阻止肝硬化进展，降低肝癌发病率。但它对乙肝e抗原和乙肝表面抗原的血清学转化率不高，且治疗周期长，停药指征严格。因此，对于“小三阳”的乙肝病毒携带者，可能需要终身口服核苷酸类似物进行抗病毒治疗。

干扰素和口服抗病毒药物联合给药是现阶段世界范围内常用的乙肝治疗方法，也是唯一的一种有可能实现对乙肝e抗原彻底清除的疗法。但临床抗原转化率低于20%，而且联合给药的副作用较大，费用也是国内乙肝患者经济能力难以承受的。

RNA干扰技术的出现给乙肝治疗提供了新途径。相关的药物研究有很多，但现阶段RNA干扰药物还普遍存在脱靶、体内不稳定、效率低等不足。

虽然现阶段对于乙肝的治疗还存在着诸多的不足之处，但如果与医生紧密配合治疗，还是有可能实现临床治愈的。

因此，摘掉“肝炎大国”的帽子还是可期待的。

为何会成为“情不自禁的舞者”

亨廷顿病是一种常染色体显性遗传性神经退行性疾病。该病由美国医学家乔治·亨廷顿于1872年发现而得名，其主要病因是患者第四号染色体上的亨廷顿基因(Huntingtin gene)变异。最初的症状特点是做像舞蹈一样的动作，这种动作具有随机性和不可控性，可能表现为坐立不安、无意中的小动作、眼球跳动等，这些动作都是患者本人所不能控制的，所以又被称为亨廷顿舞蹈症。

亨廷顿病不是一种常见的疾病，据相关统计，世界范围内亨廷顿病的患病率是每10万人中有5～10例。患病率也与种族、移民的因素有关，欧美地区的患病率较高，约为7/10万，而亚洲人的患病率则较低，不到1/10万。

现代医学研究表明，亨廷顿病是由亨廷顿基因突变而导致的，与性别无关。在这个亨廷顿基因中，有很多重复的碱基对组合，称为三核苷酸重复，当这个重复的片段达到一定的长度时，亨廷顿基因就变得不再正常，这反映在基因编码的蛋白质上。基因和蛋白质的关系就好像图纸与产品的关系，正常的亨廷顿基因可以“生产”出正常的亨廷顿蛋白（HTT），用以维持神经系统的正常运作，而突变后异常的亨廷顿基因则会产出异常的亨廷顿蛋白（mHTT）。mHTT较正常的HTT来说，有更多的谷氨酸（因为CAG是编码谷氨酸的密码子）。mHTT也非常容易粘连和聚集，它们慢慢地聚集在一起，形成很大的蛋白质团，在大脑中堆积，影响神经细胞的正常工作，导致与神经系统相关的各种症状。

如果把大脑想象成是一颗球，那么在靠近球心的部位（也就是大脑的深部）有个由众多神经细胞组成的构造叫基底核。它与大脑的运动、情绪、学习、记忆功能有密不可分的关系。就运动功能而言，基底核扮演着大脑秘书的角色，将大脑发出的命令先行处理、修饰过，再把这个命令传回大脑负责运动的部位，然后才把指令传送到身体各处肌肉，指挥我们的一举一动。

亨廷顿病患者体内的异常亨廷顿蛋白首先会影响其脑内的基底核，使得基底核无法修饰或抑制大脑的指令，于是全身肌肉便不受控制地运动，表现为舞蹈样动作。到了疾病的晚期，连负责下达指令的大脑皮质也会逐渐死亡，届时患者可能失去所有行动能力，并出现认知功能下降甚至痴呆。

亨廷顿病往往在中年以后发病，提前进行准确诊断较为困难。

中老年发病患者一般没有家族史，且由于这类患者其他精神类疾病和痴呆症发病率较高，临床诊断比较困难，而基因诊断方法可以大大提高疾病的诊断率。

目前，亨廷顿病尚无有效的治疗措施，大多数药物治疗效果都不甚明显，甚至无法延缓病情的发展。早期的治疗手段主要为精神开导和疾病教育，帮助患者接受患病事实，以较为乐观开朗的性格面对生活，积极治疗疾病。

小贴士

亨廷顿病多发生于中年人，偶见于儿童和青少年，男女均可患病。发病隐匿，呈缓慢进行性加重，平均生存期10～20年。临床主要表现为舞蹈样不自主动作、精神障碍和进行性痴呆，称为“三联征”。中年期发病者主要以舞蹈样动作为主，逐渐出现痴呆和精神障碍；儿童和青少年期发病者多以肌张力障碍为主，常伴癫痫和共济失调。

28 细胞生长的“油门”和“刹车”是什么

现代医学认为，癌症源于单个正常细胞向肿瘤细胞的突变。这种变化是外因和内因共同起作用的结果：如接触致癌物质、不健康的饮食与作息，都是致癌的外因；而导致细胞癌变的根本因素，并非病毒或其他致癌物质，而是存在于细胞自身的基因中。

1910年，美国长岛的一位农民发现饲养的一只鸡生了肿瘤，他担心可能是一种传染病，便把这只病鸡交给纽约洛克菲勒研究所的肿瘤学家劳斯(Rous)博士。劳斯为探求肉瘤可能的传染机制，取鸡肉瘤组织匀浆，通过除菌滤器后，对健康鸡皮下注射，发现可以引起肉瘤，由此提出其中的感染性物质可能是癌症的病因。

20世纪50年代，科学家们成功从鸡肉瘤里分离出一种病毒，命名为劳斯肉瘤病毒(RSV)；随着癌病毒的陆续发现，越来越多的研究者投身于验证病毒致癌假说，寻找致癌病毒也成了学界热潮。劳斯博士也因发现RSV，获得了1966年的诺贝尔生理学或医学奖。

1976年，美国加州大学的病毒学家毕晓普(Bishop)和瓦默斯(Varmus)发现，在RSV的RNA序列里，含有一段能使正常细胞发生癌变的基因*src*，将其称为病毒癌基因。同年，科学家施特赫林(Stehelin)发现，在健康鸡的细胞内，存在和*src*高度相似的一系列基因，归类为细胞癌基因。

在癌症研究领域，科学家将一系列调控细胞分裂、分化的基因统称为原癌基因；将一些调控细胞凋亡、抑制细胞无节制分裂的基因，统称为抑癌基因。原癌基因是细胞生长的“油门”，抑癌基因则是细胞生长的“刹车”。在正常情况下，“油门”和“刹车”协调工作，使细胞生长在调控下有序进行。当两类基因的平衡被破坏，具体来讲，当癌变的外因作用于DNA，使原癌基因被激活为癌基因，或使抑癌基因无法正常工作，“刹车”没了，细胞就在增殖的道路上加大“油门”一路狂飙，很可能引发“车祸”，发展成危害生命的恶性肿瘤(见下页图)。

从基因层面上理解癌症，为人类提供了对抗癌症的新思路。对于已经罹患癌症的患者，传统的治疗

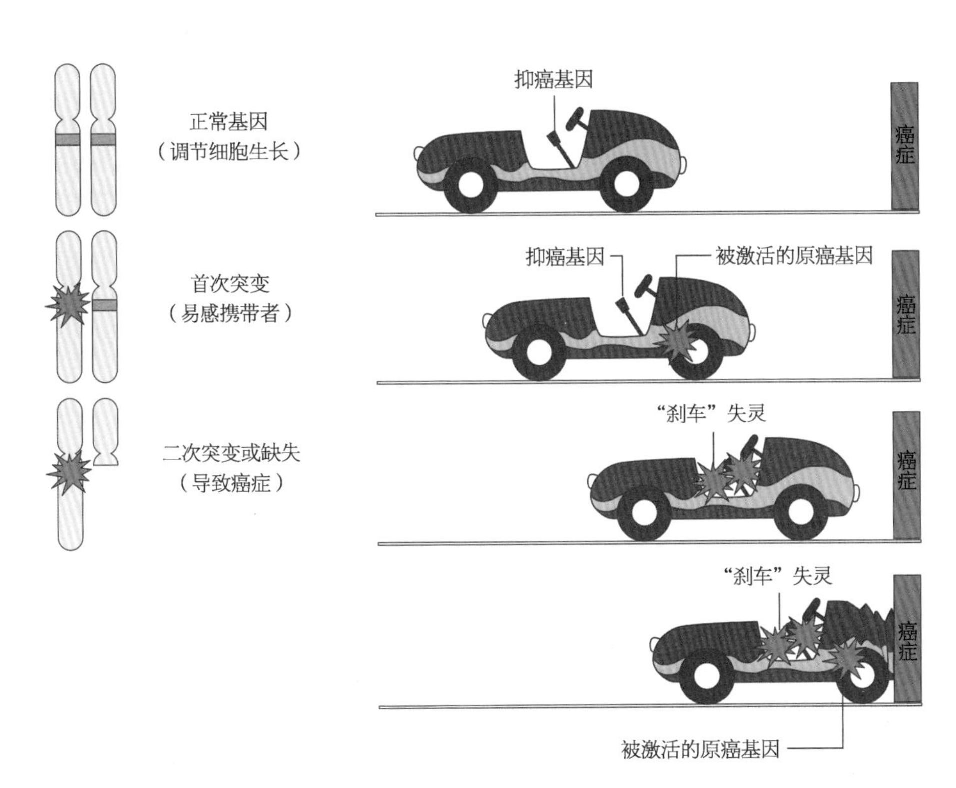

方法是切除、化疗或放疗，在移除、杀灭癌细胞的同时，也会对正常细胞造成损伤。基于癌变的机制，科学家提出了靶向治疗技术，即利用基因筛查和基因编辑技术，定位并修复受损的原癌基因或抑癌基因，或使癌症从内部瓦解。

p53 是一种功能强大的抑癌基因，对细胞周期和凋亡起决定性作用，它的失活是癌症复发、难根治的主要原因。美国麻省理工学院(MIT)的研究人员使用药物重新激活患癌小鼠体内的 *p53* 基因，发现能引起肿瘤缩小甚至消失，这项技术已被投入临床治疗。

另一种思路是使用基因编辑技术，使编辑过的 T 细胞攻击癌细胞，实现抑制癌症的目的。纵然与癌症抗争的道路荆棘重重，随着基因科学的发展，相信人类能够在不久的将来找到更高效、便捷的癌症治疗对策。

复旦大学附属中山医院肝癌研究所所长、汤钊猷院士在2018年1月出版的《控癌战，而非抗癌战——〈论持久战〉与癌症防控方略》新著中提出了全新的“控癌战”观点，有别于以前的“抗癌战”观点，感兴趣的读者可关注了解一下。

29 癌细胞会“逆生长”成正常细胞吗

2015年8月24日，发表在《自然·细胞生物学》(*Nature Cell Biology*)杂志上的一篇论文中，美国梅奥诊所的科学家们发现了让癌细胞实现“逆生长”回到正常细胞的方法！他们恢复细胞内调节自身生长的控制机制，从而阻止细胞危险的无节制生长和癌变，首次成功地将乳腺癌、肺癌以及膀胱癌细胞重新转变为正常细胞。这相当于重新给“失控的汽车”(癌细胞)加上了“刹车片”(恢复其控制机制)，从而“关闭”了癌变的“开关”。这使人们看到了治愈癌症的曙光，是人类医学上巨大的进步，也是生物学史上一座伟大的里程碑。

通常人们会把癌症的产生归咎于环境、自身的习惯，却未曾想过为

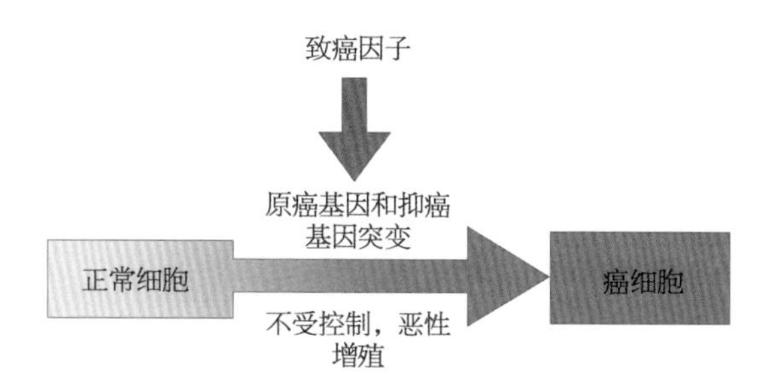

什么不良的环境与习惯能带来癌症，癌症产生的根源和本质是什么。本质上来说，癌症起源于基因的改变，主要是原癌基因或者是抑癌基因——“癌症开关的钥匙”的改变。

原癌基因主管细胞分裂、增殖，人的生长需要它。为了“管束”它，人体内还有一种抑癌基因。平时，原癌基因和抑癌基因维持着平衡。但在致癌因素作用下，原癌基因的力量会变大，而抑癌基因变得较弱。癌症的发生是一个多阶段、逐步演变的过程。细胞通过一系列进行性的改变而向恶性发展，在其发展过程中可能有很长的潜伏期。在这一过程中，常积累多种基因改变，其中既有原癌基因的激活和过分发挥作用，也有抑癌基因和凋亡基因的失活，失去对原癌基因的有效抑制，还涉及大量细胞周期调节基因功能的改变。

美国梅奥诊所的科研团队将癌细胞逆转成为健康的人体细胞的分子机制是：这些癌变的细胞中已经失去了 PLEKHA7 蛋白，恢复它们的 PLEKHA7 蛋白水平或者微小 RNA 分子水平，可以使这些细胞恢复到良性状态。经评估，目前这种方法还存在缺陷，科学家们正在探索更好的解决方法。

微小 RNA 分子简称为 miRNA。miRNA 是长度为 21～23 个核苷酸的非编码小分子 RNA(被称为“新型生命暗物质”，一大类不指导蛋白质的产生但在细胞中起着调控作用的小分子)，通过与靶基因信使 RNA

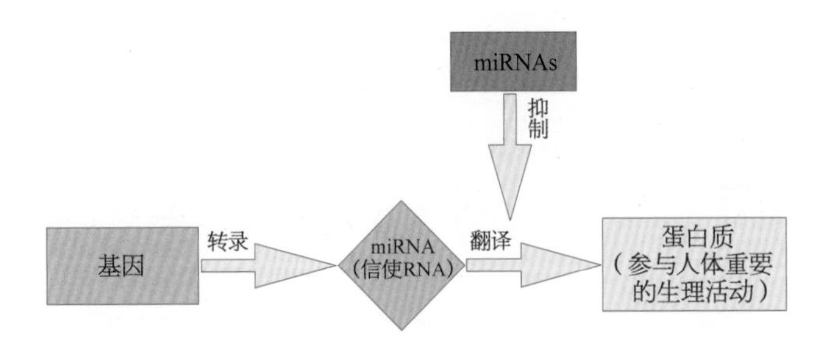

的3′-非翻译区结合,下调靶基因的表达水平(即抑制基因的表达)。miRNA也通过调控癌基因或抑癌基因的表达,在癌症中起到致癌作用或抑癌作用。

单一miRNA可调控多个靶基因,一个靶基因也可由miRNAs共同调控,这些靶基因大多数参与了机体分化,细胞增殖、凋亡、代谢等生理过程。不仅如此,在实现这一调节过程中,miRNAs会诱导产生一种名为PLEKHA7的蛋白质,这种蛋白质是调节细胞分裂的重要因子。研究表明,在癌细胞中以上的细胞调控机制失灵了。

为了验证这一事实,科学家们从细胞中将miRNAs去除,结果发现这一行为阻止了PLEKHA7蛋白质的产生,并且诱导这个细胞发生癌变,其分裂增殖过程也不再受到限制。

科学家们发现,通过重新给失控的细胞加上"刹车片"——miRNA,能有效阻止癌症的发生。miRNAs可以被直接注射到细胞内或肿瘤病灶内部,提升癌症遏制机制,从而"关掉"癌症发病的"开关"。现在科学家们已经成功地实现了将乳腺癌、肺癌以及膀胱癌细胞重新转变为正常细胞,这项研究解决了一个长期悬而未决的生物学谜团,可能将为无数癌症患者带来福音。

四、基因与科技应用

30 基因如何“操纵记忆”

德国尼采曾说:“祝福健忘的人,因为忘记错误会过得更好。”在面对一些痛苦的回忆时,许多人想要选择逃避/忘却,然而记忆却并不是人们想要抛弃就能消失的。既然大脑也是由可以被我们所调控的物质所组成的,记忆又是以大脑为载体,那么我们能否人为地操纵记忆呢?

大脑是人类重要的记忆器官,有研究发现,记忆并非是弥散在整个脑区的,而很可能是存在于特定脑细胞中的,这些细胞主要集中在脑中的小块区域:海马和杏仁核。

想要操纵记忆,就必须确定被操纵的对象,即一段特定的记忆。然而记忆并不是实际存在的物质实体,它是看不见摸不着的,而且记忆是混杂在一起的,痛苦的记忆和美好的记忆共同储存于海马区,那么我们应该如何准确地定位一段特殊的记忆呢?

在一些微生物中存在“传感器”,可以对外界特定刺激做出反应。而人脑形成新记忆的时候,相应神经元的 *c-fos* 基因会被激活,并在较短的时间内表达 c-fos 蛋白。如果我们将微生物的“传感器”基因导入脑细胞中,并控制 *c-fos* 表达的启动子作为该基因表达的开关,就可以做到有的放矢,使特定的活跃神经元安上“传感器”,从而达到定位记忆的目的。

知道了记忆的定位问题,我们应该如何操纵它?由于其作用时间慢且范围广,而记忆往往一瞬即逝,药物难以及时准确地达到操纵效果。电虽然具有高速和作用点精确的优势,但是操作起来较为复杂且不安全。由此,聪明的科学家们想到了日常生活中最为常见的物质——光。

科学家们首先把光敏通道蛋白基因与传感器结合，注入小鼠脑内，当记忆形成时，光敏通道蛋白也会作为开关被安装到参与这一特定记忆的每个细胞上，这样就完成了对特定记忆的定位。当激光照射时，光敏通道蛋白就会开启，便可以快速激活这一记忆，达到操纵的目的。

小鼠实验已经证实：通过光敏蛋白的操纵，可以发现曾经的恐惧记忆被激活了，在激活老记忆的同时还可呈现一个新的信息，并且可以让新信息融入原先记忆。这说明美国科幻大片中改变记忆的设想将有可能成为现实，人为开启记忆已成为可能。

科学家们的这一发现开启了操纵记忆之光，也引发了世界关于伦理问题的讨论。有些人认为操纵记忆可以消除人们的痛苦回忆，修复心灵的创伤，是值得研究与推广的；也有人认为操纵记忆使控制意识成为可能，如果这项技术被不法之徒利用，人为操纵他人记忆，那后果是不堪设想的。

其实，正如硬币有正反两面，科技的发展也存在两面性，关键在于我们如何合理利用它为人类造福。

31 DNA 检测破悬案是怎么回事

随着时代的发展，罪犯实施犯罪行为的手段也更加复杂与隐蔽，消灭证据、破坏现场的行为屡见不鲜。然而，“魔高一尺，道高一丈”，基因科学为我们提供了一种新的破案方法——DNA 检测。DNA 检测不仅能在茫茫人海中准确地找出犯罪嫌疑人，大大降低案件侦破的难度，还能为法官判决提供有力的证据。

案件侦破中的DNA技术，是应用现代技术分析遗传标记在群体中的分布与传递规律，确定分析样品的一致性与遗传的关系，从而为案件的侦破和司法的审判提供证据的一门科学技术。通过这门技术，法医可以根据蛛丝马迹寻找嫌疑人，为断案提供最直接有力的证据。

（1）目前相关的主要技术有以下三种。

1）DNA指纹技术：DNA指纹技术并不是传统意义上的指纹技术，而是一种分析杂交带图纹的基因检测技术。之所以被称为“DNA指纹”是因为它的个体识别能力足以与指纹媲美。一般的指纹可以被抹去，而DNA指纹技术却可以通过现场遗留的更细微、更难以去除的线索来准确识别个人。

2）STR-PCR技术：PCR技术即聚合酶链式反应技术，是一种扩增DNA序列的技术，是基因检测技术的基础。而STR是基因组DNA中存在的一段重复序列，称为微卫星序列或短串联重复序列。STR-PCR技术的本质是应用PCR技术扩增人类基因组DNA中高度多态性位点，扩增产物经过片段长度多态性分析或序列多态性分析，研究不同个体间DNA分子水平上的差异及其遗传规律。与DNA指纹技术相比，STR-PCR技术具有更强的灵敏性。

3）线粒体DNA测序技术：线粒体位于细胞质中，有一套独立的遗传物质，该方法的成本很高，准确度和灵敏度也有待提高，所以难以推广。但是，在DNA因为时间过长或受环境因素影响污染、降解之后，线粒体测序不失为一个好的替代方法。目前，关于线粒体基因测序的技术越来越完善，在将来会有被全面应用的可能。

（2）目前，DNA技术已经被世界各国广泛应用于侦破、审理案件的过程中。主要体现在以下三方面。

1）建立DNA数据库：这一应用主要体现在刑事案件方面。目前，包括我国在内的世界多个国家都建立了DNA数据库。通过DNA数据库，警方可以将犯罪现场的DNA与数据库中的DNA比对，大大提高找到犯罪嫌疑人真实身份的效率，降低了破案难度。

2）DNA比对确认关系：警方可以比对现场的DNA与警方所怀疑的人的DNA，从而检验自己的猜测。在拐卖儿童的案件中，警方可以通过DNA检测来确定儿童是不是被拐卖的及儿童的亲生父母是谁。

3）平反冤假错案：在基因技术尚没有普遍应用的时候，很多刑事案件很可能是刑事冤案，而DNA技术使用后，很可能为无辜者提供新的证据。

（3）DNA技术虽然有很大的优势，但是它也有一些不容忽视的不足。首先，DNA样本有可能被污染。其次，人与人的DNA虽然几乎不可能重复，但是检测的标记有限，就有可能出现检测错误的情况，致使无辜者蒙冤。因此，DNA虽然可以作为有力的证据，却不能被作为唯一的证据。

小贴士

在一些电视节目中和电视剧里，经常看到"DNA比对"的字眼。如在自然灾害和重大事故中，救援人员费尽千辛万苦找到的大多是难以辨认的遗体甚至遗体碎片。这时，就要应用DNA比对来确定死者的身份。在拐卖人口的案件中，鉴定被拐卖者身份的时候，最常用的也是DNA比对方法。中央电视台综合频道热播的《等着我》寻亲栏目，就是利用公安部在2009年建立的一个全国范围的DNA（基因鉴定）信息库找到了众多失散多年的亲人，场面非常感人。

32 什么是 DNA 指纹

DNA 指纹技术的发现，是来自于 1985 年英国莱斯特大学的生物学家亚历克·杰弗里斯的一次灵光乍现。

他与他的合作者用人的肌红蛋白基因内含子高变区重复序列的核心作为探针，与被 DNA 内切酶酶切的不同人的基因组 DNA 杂交，所产生的图谱在不同个体之间均存在显著差异，且这种特异性按简单的孟德尔方式遗传。

由于这种图纹极少有两个人完全相同，其个体识别能力足以与手指指纹相媲美，故称其为 DNA 指纹或基因指纹。

DNA 指纹技术具有多位点性、高度特异性和稳定的遗传性等特点。

许多人将其与指纹技术混淆，两者其实是不同的鉴别身份的技术，各有优点。DNA 技术有着更明确的误差估计，结论较为客观，准确率较有保障，而且检验所需材料来源广泛，更容易实施。指纹技术有着更强的个体识别能力，即使是孪生子的指纹也是互不相同的，且对个体不具有侵害性，应用成本更低、更便捷。两者都是当今司法办案中必不可少的个人识别技术。

DNA 指纹技术在人类学、法医学等领域有着重要的作用，被人们所广泛认知的是其在个人识别、亲子鉴定等领域的应用。

由于 DNA 指纹的高度特异性，使其成为每个个体的标签，可通过检测基因指纹来识别身份。在发生大面积灾难且无法识别受害人身份时，其尸体的识别就是通过基因指纹技术得出的。

基因指纹技术也广泛应用于强奸、暴力犯罪等案件，只要现场遗留下血液、精液、唾液、毛发等，就可将其进行DNA指纹分析从而发现罪犯。

又因为DNA指纹符合孟德尔遗传定律，可以共显性地稳定遗传给后代，因此它也被广泛应用于亲子鉴定测验。通过孩子的唾液、毛发等做DNA指纹分析，并将其与父母的指纹图谱相对比，便可找出其中的血缘关系。

随着DNA指纹技术的发展，其应用面越来越广泛。近年来，它逐渐开始被应用于一些疾病的检测和预防。比如癌症，科学家发现癌症的最根本因素就在于DNA的变化，癌组织DNA与正常组织DNA有着不同的谱带，通过对DNA的检测可及时发现癌细胞并采取治疗。

虽然DNA指纹技术仍存在一定缺陷，如DNA图谱中谱带较多不易判断、较难判断等位基因、成本仍较高等，但随着其技术上的不断完善和更新，它将越来越亲民化，受到更广泛的应用。

或许未来有一天，每一个人都可以以较低的成本检测到自己的DNA图谱，提前知晓自己在未来可能会得某种疾病并进行有效预防；全世界有一个庞大的DNA数据库，所有人的DNA图谱都记录在案，使罪犯难逃法网，世界将更加和谐与透明化。

与此同时，我们也应辩证地看到，基因指纹作为一门技术，只能辅助我们改善生活、破解疑惑，过于依赖技术将会导致一叶障目。在侦破案件时，要结合逻辑推理与技术认证，不能单从现场证据导向便轻易结案，以免无辜者受到陷害。

小贴士

1989年，基因指纹技术获美国国会批准作为正式法庭物证提取手段。20世纪90年代初，杰弗里斯和他的小组曾被请到巴西，帮助辨认纳粹战犯约瑟夫·门格尔的尸体。

33 蓝玫瑰是如何长成的

“蓝色妖姬”，就是蓝色的玫瑰，其典型寓意是清纯的爱和敦厚善良。

每到情人节等重大的日子，“蓝色妖姬”的销量就会上升。然而真正到手的“蓝色妖姬”却让人失了兴致：头上装饰有金粉，插花的水不久就变成“蓝墨水”，花色常常深浅不均，并且很快会枯萎……

“蓝色妖姬”如同冰雪一般冷艳高贵，在自然界中极其稀有。为什么天然的玫瑰花中没有蓝色的？这是因为玫瑰中没有蓝花植物必需的花色素（主要是翠雀素）。

很长一段时间，市场上的“蓝色妖姬”都是经过染色技术培育出来的。在白色月季快到花期时，用一种对人体无害的染色剂和助染剂调和成着色剂浇灌花卉，让花像吸水一样将着色剂吸入而染色。这样的花从根部就开始有变化，花、叶、茎全是深蓝色，颜色均匀，看上去比较自然，不会褪色。

还有一种简便的方法，则是直接使用染色剂染色或是直接将月季花插入蓝墨水中，这样做出的“蓝色妖姬”基本为伪劣产品，特别容易脱色。

在英语当中有一个双关语“blue rose”，字面意思是蓝色玫瑰，而另一层的意思则是“不可能的事情”。因为玫瑰缺少控制产生蓝色色素的基因，没有办法合成显蓝色的翠雀素，而只拥有以花青素为基础的色素（色调从红色到紫红色），所以一般我们只能看到红色或是白色的玫瑰，而几乎没有办法看到蓝色玫瑰。因此，蓝玫瑰一度被认为是不可能存在的花朵。

然而，转基因技术却让这一件

不可能的事情变成了可能。有一次在日本东京国际花卉博览会上，真正的蓝玫瑰一展芳容。这回，不再是“假面公主”，而是通过转基因技术，那梦幻般的颜色，真的已经嵌进了玫瑰的身体。这使得占据了较长一段时间市场的由白玫瑰染制而成的“蓝色妖姬”逐渐退出了人们的生活。

据报道，为了这朵浪漫之花，科学家从 1990 年开始研究培育，耗费了至少 15 年的时间。

培育蓝玫瑰，主要有两个难题：一是外源基因的表达；二是转基因植株的再生。

要想合成新的翠雀素，首先要减少玫瑰花中其他花色素的合成。日本三得利（Suntory）公司采用 RNA 干扰技术，做到了这一点。

其次是让蓝色在玫瑰花瓣中展现出来。科学家们尝试着向玫瑰花中导入了来自多种花卉的外源基因，最终发现三色堇中的一个基因和鸢尾的另一个基因能够在玫瑰花瓣组织中表达，获得了蓝玫瑰，使全球数千万种玫瑰中又添了一抹亮色。

通过转基因技术培育出了真正的蓝玫瑰的意义是多重的。从生物学角度来看，培育出的蓝玫瑰的色素纯度接近 100%，而且是可以遗传给下一代的，这无疑是一个重大的突破；从环境保护来看，真正蓝玫瑰的诞生慢慢地会取代染色而得的“蓝色妖姬”，从而减少蓝色污水对于环境的破坏；而对于那些将爱情寄托于“蓝色妖姬”的爱人们，蓝玫瑰也不再那么遥不可及。

通过无性繁殖，转基因花卉的性状不会发生改变，而且繁殖速度快，一株幼苗一年后可繁殖到一两万株。转基因技术和无性繁殖的技术给我们创造了真正的“蓝色妖姬”。

在未来的生活中我们或许还能享受到生物技术给我们带来的更多便利，使我们的生活更加丰富多彩！

34 如何走进生物“芯”时代

芯片这一概念，从根源上讲来自于集成的概念，例如我们耳熟能详的电子芯片，其涵义就是把大的东西变成小的东西，集成在一起。生物芯片也是集成，只不过是生物材料的集成。通俗地说，生物芯片就是在一块极其微小的玻璃片、硅片、塑料或其他材料（包括纤维素膜，以及一些三维结构的多聚体）上，通过特殊的技术放上生物分子并让它们与生物样品反应，然后用专用的仪器收集信号，再用计算机分析数据结果。这样一来，原本要在很大的实验室中进行、需要很多个试管的反应，现在被移到一张小小的芯片上同时发生了。

生物芯片这一名词最早是在20世纪80年代初提出的，当时主要指分子电子器件。生物芯片技术伴随生物技术在近几十年的迅速发展而产生，是电子技术和生物技术相结合的产物。

生物芯片的真正出现是在20世纪90年代初期，当时的人类基因组计划和分子生物学相关学科的发展为基因芯片技术的出现和发展提供了有利条件。1997年，著名《财富》杂志曾刊登了这样的报道：“在20世纪科技史上有两件事影响深远：一是微电子芯片，它是计算机和许多家电的‘心脏’，改变了我们的经济和文化生活，并已进入每一个家庭；另一就是生物芯片，它将改变生命科学的研究方式，革新医学诊断和治疗，极大地提高人口素质和健康水平。”这充分表达了人们对生物芯片这一新兴技术的极大关注，以及对其前景的美好展望。

目前的生物芯片最主要的有两大类：一类是基因芯片，另一类则是

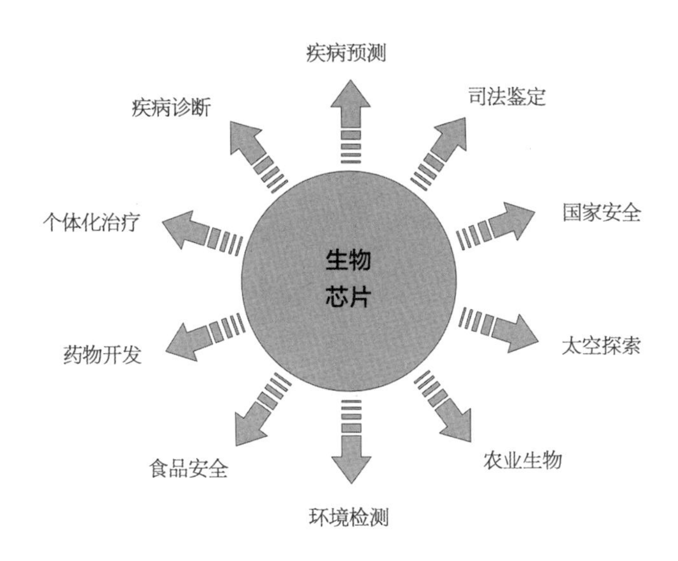

实验室芯片。基因芯片又称 DNA 芯片或 DNA 微阵列，是将 cDNA 或寡核苷酸按微阵列方式固定在微型载体上制成。而实验室芯片则是泛指能整合多种化学、生物分析功能于单一小型芯片上，处理非常微小液量的技术，有时又称微型全分析系统，是生物芯片技术发展的最终目标。

生物芯片技术的最大竞争力在于应用。生物芯片因其具有高通量、微型化和自动化的特性，被广泛应用到疾病检测、个体化治疗、药物筛选、基因表达水平检测、DNA 测序以及生物信息学研究等多个领域。

在疾病的预防、诊断和治疗这一系列过程中，医生们可以通过研究个人的基因序列，向携带了不良基因的人士提出健康管理和医疗建议，从而更有效地预防和治疗精神疾病、癌症、糖尿病等复杂疾病。原本难以及时诊疗的各类遗传病，由于基因芯片的应用，医生也可以在疾病发展的早期就对其进行有效干预，极大地提高了遗传病的诊疗水平。同时，基因芯片在耐药检测、药物筛选等方面也发挥着不可忽视的积极作用。

在生物信息学研究领域，生物芯片技术由于自身快速、准确的分析能力，以及低成本等相对优势，也势必在不久的将来成为生物信息学研究中的一个重要的信息采集和处理平台，成为基因组信息学研究的主要技术支撑。

生物芯片技术正以非常迅速的姿态改变着人们的生活，但随着科技的不断进步，生物芯片技术也在不断革新，再加上新技术的应用推广不仅仅涉及科技领域，还涉及经济、社会等方方面面，所以在大步走向生物"芯"时代的同时，也应认识到，这一"芯"时代的全面到来还需要走很长一段路。

35 什么是基因兴奋剂

兴奋剂从诞生之日起，就与体育竞赛如影随形，难舍难分，到现在更有愈演愈烈之势。只要有奥运会、金牌等利益，更加高级的兴奋剂便会破土而出。

1964年的冬奥会上，芬兰运动员埃罗·门蒂兰塔(Eero Mantyranta)获得了越野滑雪赛的两枚金牌，但兴奋剂检测为阳性。通过研究，人们发现他并未服用兴奋剂，只是他的基因编码在控制红细胞反馈抑制的促红细胞生长素EPO受体区域出现了突变，天生的基因突变提高了其体内产生的EPO的量，从而增加了红细胞的携氧力。设想一下，如果运动员由外部导入EPO的编码基因，就会达到与埃罗·门蒂兰塔遗传突变相似的效果。

基因兴奋剂和基因疗法的原理大体上是相同的，仅仅是用途不同，是通过基因治疗的方式将外源的可以提高运动员成绩的优势基因或DNA导入运动员靶细胞内，使运动员可以发挥出更强的运动性能。与直接注射目标蛋白质不同，基因兴奋剂像是在人体内建起了一座新的"蛋白质工厂"，可以源源不断地输出运动员想要的蛋白质。

在使用基因兴奋剂时，一般是以病毒等为载体，将可作为兴奋剂使用的重组蛋白的基因植入人体内，在人体细胞中表达，在体内形成一个局部的兴奋剂制造基地。由于所表达出的刺激物与人体自身的内源物质在结构上差别极小、很难区分，而且部分肌肉细胞中表达的刺激物或代谢物甚至不会进入血液循环中，因此传统的尿样和血样检测都很难检出，给兴奋剂检测带来巨大挑战。

目前唯一可用的方法就是肌肉活组织切片检查，但是很明显，运动员比赛时绝对不会让检测人员切掉一块肉，因此远远不像取尿样、血样那样简单。国际反兴奋剂机构正在研发新型的检测技术，比如成像技术和分子学方法，希望能阻止基因兴奋剂的滥用。

与传统的兴奋剂相比，基因兴奋剂具有持续有效期长、隐蔽性强、仅在局部发挥作用的特点。由于基因兴奋剂的隐蔽性很强且目前还没有成熟的检测方法，所以部分运动员和教练员为了追逐名利可能会使用基因兴奋剂。

基因兴奋剂的危害之一，是扼杀了公平竞争的奥林匹克精神。有专家预言，如果不能采取有效预防措施，那么跳远运动员弹跳力足以与袋鼠相媲美，短跑运动员足以与羚羊赛跑。

从副作用的角度而言，传统兴奋剂可通过停药或增加清除率来减轻、消除副作用对身体的危害。而基因治疗或基因兴奋剂都是在基因水平上施加影响或改变，服用基因兴奋剂的作用不是“打开开关”这么简单，而是类似于推倒了“多米诺骨牌”，会引发人体的一系列反应，还有可能引起正常组织的过度增生，诱发肿瘤的形成，这就是代价。2016年8月9日《科技日报》曾以“基因兴奋剂：DNA中植入的邪恶之花”为题做过专题报道。

小贴士

据报载，芬兰奥林匹克滑雪冠军埃罗·门蒂兰塔（Eero Mantyranta）可能是兴奋剂检测中呈阳性的首位芬兰运动员，在后来的复查研究中发现实际上他并未服用兴奋剂，是因为基因突变促使他拥有超人耐力。与家族中大多数人一样，门蒂兰塔促红细胞受体基因发生突变，他体内血液中携带的氧气比普通人高50%，这让他在耐力赛中占据巨大优势。

36 细菌如何透露尸体的秘密

当人生命消逝，呼吸停止，身体也陷入沉寂，微生物成为人死后这片“大陆”（尸体）的掌控者。它们的行动与生存状态可以向我们透露关于尸体的未知秘密。因此，在面对我们难以把握的尸体信息时，细菌就成为我们的重要帮手。

在侦破案件中，法医专家会使

用到一种细菌识别技术。细菌识别技术是利用人手上的表面细菌能沿手指纹路繁衍的这一独特功能来识别身份的一门取证技术。其中，要用到的是一种能够识别模糊指纹纹路的荧光转基因细菌。与其他生物识别技术相比，细菌识别技术具有许多优势，如信息保留时间长、不容易被破坏等。因此，对细菌识别技术进行研究具有很大的现实意义和社会效益。

这种显现指纹的细菌十分特殊，对环境温度、湿度、空气含氧度、二氧化碳浓度、环境污染程度等要求很高，不易培养。2009年11月，美国科学家在多年研究后，绘制出第一幅人体细菌图集，包括从额头到脚（比如鼻子和肚脐）的细菌分布状况，给细菌识别技术用于人体身份识别提供了进一步的技术支持。

平均每个人的手上携带有近150种细菌，但比较随机。两个人手上所拥有的微生物，发现相同种的只有13%。因此，细菌与指纹一样，对于我们来说是一种独一无二的特征。我们触摸物体后留下的细菌能在2周内保持稳定不变，即使用洗涤剂清洗，原来的细菌群落还是会重新生成。因此，科学家认为，细菌可以像指纹一样用于人的身份识别。仅仅依靠细菌的复制我们并不能识别指纹，所以细菌识别技术也需要应用荧光标记技术。这种技术应用于识别的细菌是通过导入某种特定发光细菌的发光基因。该基因表达的直接结果是产生生物发光，非常直观而且易于检测，同时该基因又可以作为一个很好的标记基因重组在质粒载体或其他载体上。应用以上两种技术，我们能够有效地利用细菌来识别身份。

其实细菌也可以成为法医的重要帮手，我们甚至可以通过细菌的分布状态，来分析获得尸体死亡的时间等重要信息。新一代基因测序技术——高通量测序技术的发展，让我们能在短时间内测定大量物种的核酸序列，对某个菌种，我们可以测定上百株细菌的基因组序列，这就为基于全基因组信息的分类标准建立奠定了良好基础。全基因组序列在细菌分类和相关功能分析中发挥着重要的作用。通过这一技术，可以在现场获取有效的微生物信息。如果事先模拟出尸体出现时的现场环境，持续用 RNA 测序检测尸体上的微生物，将所得的数据与现场采集的数据进行比对，即可获得有效的死亡时间等信息。

因此，细菌识别技术和微生物检测等技术可以实实在在地告诉我们关于尸体的各种难以掌握的信息。未来，细菌将越来越成为警方、法医的重要帮手，相关的应用也会更加多样。

五、基因与科研伦理、生态环境

混血基因是否更有遗传优势

有人说混血儿结合了父母双亲的优点，都是既聪明又漂亮的。那么，混血儿是否真的更有遗传优势呢？

有人认为，就像把红墨水和蓝墨水“混”起来一样，混血儿就是把父母的血混起来的孩子。其实，与其说混血儿“混”的是“血”，不如说混血儿“混”的是“基因”。父亲的精子和母亲的卵细胞分别携带了一半的遗传基因，精子和卵细胞结合成受精卵，受精卵再发育成一个婴儿，这个婴儿就拥有了父母双方的基因。

混血儿在外貌上一般都和父母有着较大的差别。不同人外貌上的不同，归根结底是因为遗传物质的不同，外貌的特点是由遗传物质决定的。从个体的角度上来说，基因与个体的生长、衰老、死亡等生命事件都息息相关，决定着生物的性状。从遗传学来讲，混血基因更容易优势互补，来自不同血缘的优势基因可相互交换和融合，在个体基因配对中得到优势互补，因而形成了后代在体格、外貌和智商上的优异之处。而且，基因排列越不同的人，结合后的后代患遗传疾病的概率越低。例如，在每个人约 10 万个功能基因上，都会有 5～10 个或者更多的遗传致病基因，血缘远的男女结婚，他们双方的致病基因相遇概率降低，从而大大降低了遗传病的发病率。

从基因学角度解释，混血儿结合了两个或两个以上种族的血统，形成一种杂交优势。当然，正所谓祸福相依，一方面混血儿单体内可能获得更多的抗病基因，但同时也有可能获得更多的致病基因，不过在自然界“优胜劣汰，适者生存”的自然法则中，会有富集更多优良基因的混血儿生存下来，所以从基因优生学上来说，混血对人类是有益的。

我们之所以会认为一些混血儿聪明、漂亮，这也与后天成长环境以及我们的文化、审美观等不无关系。我们见到的多数混血儿继承了符合我们审美观的大部分基因，他们的外貌正好可以消除人种不对称的、个性化的面部特征，呈现出介于不同人种之间的外貌，具有别样的神秘感，从而显得更加迷人。由于混血儿的父母来自不同的国家、民族，智力的实际表现与后天环境也有很大的关系，他们可能从小就受到双语教育，接受不同地域文化的教育，父母结合各方优点来教育孩子，因而混血儿的思维方式可能更加多元化，更加聪明。

混血儿的聪明漂亮不是绝对的。父母各拿出一半的遗传物质给孩子，但孩子最终获得了哪些遗传物质并不确定。由于拥有不同遗传基因的人，其性状是不同的，就算拥有相同的基因，在后期的转录、翻译过程中也可能出现不同，所以尽管我们大多数人并不是混血儿，我们的物种优势也不会因此减少，只是因为那些聪明漂亮的混血儿比较惹人关注而已。

小贴士

混血儿是指不同种族的男女相结合所生的孩子。具体的界定标准是：

两个不同种族的人所生育的孩子才是混血儿，比如黄、白、黑、棕等人种。

父母双方中一方为混血儿，所生育的孩子仍然是混血儿，且根据另一方的种族，其生育的孩子可能增加一个或多个混血基因。

同一人种，即使国籍、民族不同，生育的孩子也不是混血儿。例如父母双方都是华人，即使父母分别拥有不同的国籍和民族，其后代也不是混血儿。

38 贾宝玉和林黛玉可以结婚生子吗

《红楼梦》中最令人感触至深的便是贾宝玉和林黛玉的爱情故事。

我国《婚姻法》第六条明确规定："直系血亲和三代以内的旁系血亲禁止结婚。"林黛玉的母亲贾敏是贾宝玉父亲贾政的妹妹，所以从血缘关系上讲，林黛玉和贾宝玉是表兄妹关系，按照当今法律法规，他们不能结婚。

近亲婚姻造成的后代患有遗传病的概率高于非近亲结婚的后代，其中的奥秘唯有基因科学能解释。在每个正常人身上可能携带有几个甚至十几个有害的隐性等位基因，近亲通婚会使这些隐性等位基因有更多的相遇机会，并且产生遗传上的异常。每个人的基因一半来自父亲，一半来自母亲，在近亲通婚的情况下，两个有相同问题的基因结合到一起的机会就会远远大于非近亲正常结婚的人。

假设一对表兄妹突破重重阻力结合并诞下一个孩子，由于这对表兄妹为三代以内的旁系血亲，他们极有可能带有同一致病因子，不妨假设两人均携带 A 基因和 a 基因。如普通人一样，这对年轻的父母身体健康且容貌正常。那么，他们的孩子是否会罹患这一遗传病呢？如果会，罹患该病的可能性有多大呢？

孩子是否会患这一疾病就像是一场基因 A 和基因 a 的博弈。如若呈现 AA，那么这个孩子便幸运地逃脱一劫，既不会发病也不是携带者。而这种致病基因是纯合状态（aa）时，遗传病症状便会在这个孩子身上显现出来，也许他会是玻璃一样脆弱的血友病患者，又或是畏光的白化病患者。当为杂合状态（Aa）时，由于A正常显性基因存在，虽然这个孩子不会出现相关病症，但作为携带者，他的后代都有罹患这一遗传病的可能性。

如果这对表兄妹夫妇中的妻子选择与一个非近亲结婚。她的配偶由于来自另一家族，携带该致病基因的概率会大大下降，极有可能为 AA。那么他们的子女便无罹患这一遗传病的可能。同样，夫妇中的丈夫与非近亲组成家庭也有相同的结果。

已被知晓的人类疾病中，存在3 000多种遗传病。这些遗传病中的1 300种属于隐性遗传病，这些致病基因潜伏在人们复杂而多样的基因之中。或许在携带者体内至死“默默无闻”，又或许暴发在患者出生时。近亲结婚是隐性遗传疾病的导火索，有数据显示，遗传病在近亲结婚者的后代中更为显著（见下页表2）。

在婴儿的死亡率和畸变率方面，近亲结婚子女发病率是非近亲结婚子女发病率的3～10倍。

近亲的结合是非理性的选择，虽然相爱是自由的，但是会影响到下一代命运，使之处于高危患病环境下的时候，还需要慎重。随着人们认识的发展，相关的禁止从“同姓不婚”的规定渐渐演变成今日的法律，人们是想借此规避更多基因控制下的人伦悲剧。

表 2　近亲结婚者后代中遗传病的发病率

病名	隐性遗传病的发病率		表兄妹婚配子女发病率为非近亲婚配的倍数	此病患者中表兄妹婚配所占百分比(100%)
	非近亲	近亲		
苯丙酮尿症	1∶14 500	1∶1 700	8.5	35
色素性干皮病	1∶2 300	1∶2 200	10.5	40
白化病	1∶40 000	1∶3 000	13.5	46
全色盲	1∶73 000	1∶4 100	17.5	53
小头病	1∶77 000	1∶4 200	18.5	54
黑蒙性白痴	1∶310 000	1∶8 600	35.5	70
先天性鱼鳞病	1∶1 000 000	1∶16 000	63.5	80

贾宝玉和林黛玉没有在一起，成为文学史上的经典爱情悲剧。但从基因角度讲，两人未能走到一起或许是最正确的选择。

39　可以透过基因看未来吗

家庭成员、同族群个体，往往有着相似的外貌特征，如东亚人的单

眼皮、非洲人的厚嘴唇等。那么，能否通过DNA预测人的外貌呢？

荷兰伊拉斯谟大学医学中心的曼弗雷德·凯瑟尔研究团队利用核磁共振成像技术对5 388名欧洲人建立脸部三维图像。随后他们进行了全基因组关联分析，结果发现，有5个基因对人的脸型有显著影响，分别是*PRDM16*、*PAX3*、*TP63*、*C5/f50*、*COL17A1*，其中3个基因与颅面部的发育和疾病有关。尽管现在研究人员还不能完全解释这5个基因是如何影响人的相貌的，但大致分析认为，这5个基因与人的额骨、颌骨、颧骨、眶骨、鼻骨等面部特征有关。

除了基因之外，非编码基因也对长相起一定的影响作用。有研究发现，增强子的DNA序列对人类的相貌可能起着很好的控制作用。人类基因组中的基因总数虽然很少，但增强子的数量可以非常多，这可能就是为什么人的相貌会如此不同的主要原因。

或许在不太遥远的未来，科学家有可能仅仅通过一个人遗留下来的DNA就能推断其脸型，绘制出一个人的肖像来。这一成果也有望帮助法医根据嫌疑人的DNA画出肖像。

值得一提的是，基因并不是影响外貌的唯一因素。就拿眼皮的单双两种形状而言，一些双眼皮明显的人在衰老之后，就变成了内双眼皮；单眼皮的姑娘若常常黏“双眼皮贴”，时间长了就可能变成了双眼皮。外界的影响可以很大程度上改变外貌性状的。

基因与性格也存在密切关联。面对感情挫折，有的人泰然处之，有的人悲痛欲绝。*5-HTT*基因编码合成5-羟色胺转运蛋白。研究发现，携带SS型*5-HTT*基因的265名人中，经历了4次及以上挫折之后43%的人患了忧郁症，而在经历了类似打击的147名LL型*5-HTT*基因的人中染上忧郁症的仅17%。这样看来，LL型基因似乎可以被称为“坚强基因”，而SS型便是所谓

“脆弱基因”了。*DRD4* 基因编码的是神经细胞中的一种蛋白质，和多巴胺相结合可帮助传递快乐的感觉。

引人关注的还有“暴力基因”。有些人具有一些奇怪的攻击性，如裸露、纵火、强奸等。其愤怒阈值非常低，一些常人看来不值一提的挫折和压力都会激起这些人莫名的疯狂。原来，*MAO* 基因在其中起着一定的作用。单氧化酶 A(MAOA)的低活性表达，与 5%～10%的暴力犯罪有关联性，低表达的 *MAO* 基因易让人具备反社会人格，敏感冲动，易于施暴。

一个人的未来发展，并不完全由基因所决定，人的后天成长环境及自身主观能动性亦有不可估量的影响。如人的寿命长短与基因有着一定的联系，却也同饮食、运动习惯甚至人的安全意识息息相关；人的个性受到基因遗传的影响，更与其从小受到的家庭教育及成长的社会环境密不可分。

随着科学技术的发展，人们对基因结构与功能的了解与日俱增。然而，基因只是性状的众多影响因素之一，后天环境和自身努力对个人发展起着更为重要的影响。基因预测有助于我们发现隐患、趋利避害，但它并不能真正对人生未来下定论。

40 基因歧视是怎么回事

基因作为一种较为稳定的能携带遗传信息并将其表达为具体性状

的物质，在物种繁衍过程中起着至关重要的作用，其携带的生命信息一直是人类探索的重要领域。科学家通过认识构成基因的核苷酸排列顺序，掌握各种基因遗传的机制以及基因变异与疾病之间的关系，为预防和治疗疾病、增强人类体质打下坚实基础。

与其他很多先进技术一样，在基因技术服务人类、造福人类的同时，对基因研究成果的应用范围和使用限度的担忧也随之而来。作为个人最重要的隐私之一，基因隐私的保护问题在科技日益发展的今天显得尤为重要。基因检测的泛滥和基因信息的泄密会让每一位公民都可能遇到基因歧视。

基因歧视现象最早发生在美国，第一次被严肃地讨论出现于1986年的一次会议，较早的实证调查报告出现在1992年。不过，我国尚没有一部反基因歧视的具体立法。

基因歧视现象的产生与近年来基因检测的发展密不可分。随着分子生物学研究的深入和相关技术的成熟，基因检测被逐渐地用于公共疾病筛查、产前筛查、个性化用药、特定致病基因缺陷检测等医疗领域，同时提供各色基因检测服务的商业机构也逐渐兴起，检测的范围较之传统医疗机构也更广泛。通过基因检测，能获取极端敏感的个人基因信息，一个人可能发生的疾病、行为、智力、性格等都包含在基因信息中，从而为非医疗领域获得公民的基因缺陷提供了技术性可能，形成了以基因状况为基础的差别待遇，这就是基因歧视。

目前基因歧视主要发生在就业和投保这两大领域。在就业基因歧视中，用人单位认为缺陷基因的携带者将来可能会患上相应的疾病，影响正常工作，因而拒绝录用或因此解雇致病基因的携带者。而在保险基因歧视中，保险公司根据相关基因检测结果认定携带有缺陷基因的人患病风险较大，从而拒绝承包其健康险或提高相应险种的保费。

基因歧视的严重后果不仅限于社会经济发展，还对人类种群的稳定发展有重要意义。倘若对基因歧视听之任之，随之而来的就会是基因筛选、基因改良等技术的泛滥，因为每个人都不想因携带所谓"劣等基因"而被歧视。

基因歧视的前提是基因信息的披露，只有对基因信息有正确的认识和恰当的处理方式，基因歧视问题才有可能被解决。必须认识到基因信息所披露的只是一种潜在的患病倾向，而实际上疾病的发生除了受到遗传因素的影响外，还受到后天环境和个人发展的影响。同理，一个人的智力、身材、性格、健康也并不完全是由基因决定的，如果仅以基因为基础评价一个个体，就落入了"基因决定论"的怪圈。

随着基因技术的发展，应该强调基因平等权，具体是指与人类正常基因组存在差异基因的携带者，应当在学习、参军、就业、参与商业活动、参与政治活动等社会生活中，享有与正常基因者同等的权利。

小贴士

基因歧视，从本质上来说，是对个体基本权利的损害和侵犯。人人生而平等，具有普遍性的基本权力，这是受到宪法保障的人权的基本内涵，也是一个和谐稳定的社会享有的共识。

反对基因歧视，就是要批驳"基因决定论"，因为人不单受基因遗传的影响，也受后天的心理、思想和社会环境的影响，后天的影响同样重要。

41 基因是否可以决定个人的命运

在破解基因密码的过程中，我们发现基因不仅能决定人的外貌、健康，还与智商、情商、性取向、升职率、犯罪率、拖延症……涉及日常生活的方方面面，或多或少地在统计学上有关联。因此，基因宿命论的支持者主张基因决定了人的心理行为，从而可以左右人的命运。基因真的强大到能左右个人的命运吗？

人的外貌、身高、体重和体质，确实受到了基因的调控，但很难评判基因与后天因素的影响孰重孰轻。具有“肥胖基因”的人可能更容易发胖，但若非极端的激素失调，每个人都能经由锻炼提高基础代谢率，通过努力维持理想的身材。首个被发现的“身高基因”——*HMGA2*，对个体身高的影响长达1厘米——只是所有“身高基因”的冰山一角。有研究认为，身高可能是数百个基因共同作用的结果，且这些基因很可能同 *HMGA2* 一样，同时兼任调控其他生命活动的任务。

人的心理活动和身体行为，相比身体特征复杂得多，显然不是单个基因能左右的；且比起极少数天性极端暴躁或极端温顺的人，大部分人有无可能走上犯罪道路，受家庭教育、社会文化的影响更大。重庆医科大学的一份研究量化了父母教养方式中的几项关键因素，其中，亲子相处的低亲密度和低情感表达程度，与青少年暴力犯罪呈 $P<0.01$ 的显著正相关，远大于基因与暴力犯罪的相关性。因此，对“暴力基因”的研究结果，需谨慎看待；如果社会公众片面地解读基因研究，并因此对携带“危险基因”的个人处处予以歧视或提防，那么继种族主义之后，“基因主义”将成为割裂人类

团结的毒瘤。

特定基因对身体特征的影响机制是整个调控网络上的一个节点，要完全解读清楚，还有很多的工作需要完成，断言特定基因与人类行为有必然联系，更是操之过急，且多数先天因素都能以后天弥补，“基因决定命运”显然太过武断。关于人的一生如何度过，有某些更为复杂的、随机的、不可知的因素互相作用（也包括基因在内的先天因素），而基因因素很可能只是其中的冰山一角。

因此，无论先天的基因如何，以积极的态度享受仅有一次的人生，才是对于“命运”这一命题最优的解答。

42 如何保护“基因隐私”

传统隐私可分为三类：个人信息、个人私事、个人领域。基因是个人信息的深层表征，所以基因隐私是个人隐私重要的一部分！一个人的基因信息既揭示致病基因、缺陷基因与个人疾病、个人缺陷之间的内在关系，又可用于解释个人的品格、智力及某种潜在的素质。基因隐私权是每一个自然人享有的基因信息秘密依法受到保护，不被他人非法侵扰、知悉、收集、利用和公开的一种人格权。

为何保护基因隐私刻不容缓

首先，基因隐私极易被获取。比如一根掉落的头发、一块自己也没有注意的皮屑、一滴血液被侵权者收集，自己的基因隐私就泄露了！其次，侵权者往往拥有较高的相关知识与技术甚至是社会地位，往往难以察觉，即使察觉也难以发现证据。再者，在时间跨度上，基因隐私泄露可能影响一生，比如在保险业务办理中以及就业中会受到不公平待遇；在广度上，由于基因还具有共同性，基因隐私的泄露还可能波及整个家族。最后，由个体基因信息所汇集而成的基因资源已成为当今最重要的资源之一。我国地理环境复杂迥异，相对而言，我国在一定程度上便拥有基因资源优势，特别是在某些偏远的地区，某些独特的、珍贵的基因信息仍保存完好，这些在世界上现存不多的基因信息便构成了我国人体基因信息资源的宝库。由此可见，保护基因隐私势在必行！

如何保护基因隐私

对个人而言，应当有保护基因隐私的意识；并且明白自己的基因隐私权，基因隐私的知晓权、保密权、利用权和支配权；同时承担起保护基因隐私的责任，意识到基因隐私并不只是一个人的事。

对政府而言，最迫在眉睫的当属健全法律。联合国教科文组织 1997 年通过了《世界人类基因组与人权宣言》，2003 年又针对基因信息专门发表了《人类基因数据国际宣言》，旨在为世界各国和各研究机构对人类基因数据的采集、处理、使用和保存做出规范。这些文件在一定程度上保护了基因隐私，然而我国的相关法律仍然相当欠缺，我国唯一专门的基因资源保护法规是 1998 年由国务院公布实施的《人类遗传资源管理暂行办法》。

保护基因隐私可从 4 点入手：

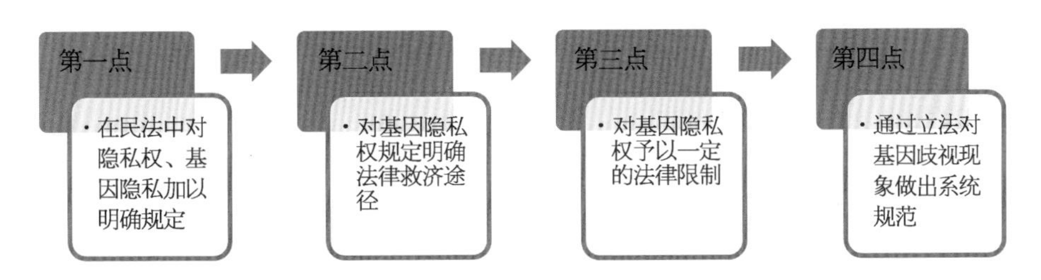

随着生命科学技术的发展，保护基因隐私离我们不再遥远，无论是我们自己还是政府都要做出坚决的行动，保护基因隐私刻不容缓！

43 基因能点鸳鸯谱吗

瑞士的三位生物学家，设立了一家名为“基因伙伴”的基因测试公司，以帮助男女速配。这样的基因配对方式恍如现在剩男剩女们的福音。若是能以科学方式觅得一位不计较身份地位的灵魂伴侣，岂不是最美好的一件事情？况且，以基因配对的方式结合的伴侣好似天生注定，细细想来，让人不禁心驰神往。但是，这样的基因配对，靠谱吗？

首先，让我们看看用基因来点鸳鸯谱的想法是怎么出现的。基因配对最早的雏形来自于1995年克劳斯·维得坎德(Claus Wedekind)的汗味T恤(sweaty t-shirt)试验。在这次试验之前，几乎没有人相信人也会像其他动物一样根据气味来决定自己的终身伴侣。在试验中，女性被要求根据气味对带有不同男性体味的T恤打分。结果表明，女性明显更青睐那些HLA(人类白细胞抗原，影响人类体味)与自己不同的男性的体味。换句话说，女性对男性的第一印象很大一部分是由体味决定的，而体味中很大一部分又是由基因决定的。

原来，男女之间一见钟情的原因是“气味相投”吗？此闸一开，相

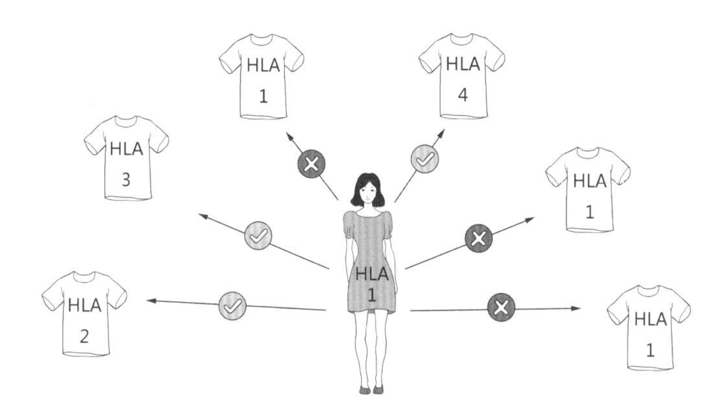

关研究便如洪水般倾泻而出。这些研究表明，夫妻间出现不同 HLA 的概率明显高于一对相同 HLA 的异性，这样有助于维持健康的亲密关系，还能缩短怀孕的周期。

HLA 的不相似不仅容易让女性被男性吸引，而且还会使婚后生活幸福美满。为什么人类会进化出这样的特性呢？

HLA 既影响着免疫也影响着体味，经过长期进化的人类会不自觉地通过体味来判断自己是否适合与对方结合。我们一直没有察觉，是因为这一过程是由大脑自动完成的。遗传学知识告诉我们，伴侣的 HLA 不相似性不仅能够使后代具有更强的免疫力，还能够减少近亲结婚的可能性。拥有如此众多的优越性，难怪我们的身体要不惧辛劳进化出这种奇怪的能力。

从这个层面上讲，基因相亲既科学又合理，可以说是相亲的“神器”。不过，基因相亲从诞生以来就一直伴随着争议。

我们常说一“见”钟情，而不是一“嗅”钟情。爱情的发生往往并不需要闻到对方的味道。体味传达的信息固然重要，但外貌产生的影响也不容忽视。

而且，性格与气质的相容更是决定性的。众所周知，一个人的特质很大一部分是由后天决定的。假设一对异性在基因上好似天作之合，但是由于成长环境的不同，一个生活宽裕不拘小节、活在理想之中，另一个生活拮据斤斤计较、活在琐碎之中，他们还能彼此吸引吗？彼此相爱？即便他们被对方的体味所吸引，又怎能熬过生活中的磕磕绊绊呢？

此外，值得我们注意的是，关于基因与体味吸引的理论并非完全可信。例如，我们常说的基因性吸引力就与之相悖。这套理论认为基因相似的个体会相互吸引，所以偶尔会有即将步入婚姻殿堂的一对情侣发现彼此竟是失散多年的亲兄妹的报道。那么，到底两个人是基因相异相吸还是相似相吸呢？这还需要进一步的研究考证。

所以，基因相亲并非是一个科学界所公认的成熟技术，而是一个仍在争议之中不断发展的技术。科学不会造福于向其献媚的人，挑选伴侣这等终身大事，还是要综合各种条件细细考量。

44 $PM_{2.5}$对生物机体的危害是什么

$PM_{2.5}$又名细颗粒物，指环境空气中空气动力学当量直径≤2.5微米的颗粒物。细颗粒物的化学成分主要包括有机碳、元素碳、硝酸盐、硫酸盐、铵盐、钠盐等。它能较长时间悬浮于空气中，其在空气中含量浓度越高，就代表空气污染越严重。$PM_{2.5}$能对空气质量和能见度产生更大的影响，会导致人感官上的“灰蒙蒙的空气”和“灰蒙蒙的天”。

与较粗的大气颗粒物相比，$PM_{2.5}$粒径小、表面积大、活性强，有更强的吸附能力，且在大气中的停留时间长，输送距离远。我们都知道，活性炭从表面上看它已经是很细的粉末，但实际上在粉末颗粒内部还有更多孔隙，如果将这些颗粒放大，其结构就和多孔的奶酪类似。物体的表面都不是绝对光滑的，物体在表面运动或有运动趋势时会受到摩擦力的作用。$PM_{2.5}$的表面由于摩擦力的作用，有截留物质颗粒的能力，且由于其极小的直径，同样质量的颗粒物中能具有更大的表面积，因而能截留并携带更多的物质。并没有直接的证据证明细颗粒物本身能使基因突变，但被它截留的物质就不一定了。重金属、有机污染物都是细颗粒物的截留对象，其中就含有已经研究明确可以导致基因突变的物质。重金属通过干扰酶促反应阻止 DNA 复制过程中对碱基错误的纠正，也可以产生自由基损伤 DNA，最终使基因的突变概率大大增加。有研究表明，在北京的$PM_{2.5}$中吸附的多环芳烃(PAHs)，具有致突变性能很强的特点。因此，长期生活在雾霾严重、高 $PM_{2.5}$的地区，基因突变的概率会大大升高。

基因突变是生物进化过程中的首要条件，它能够扩充基因库，产生新的性状，保证生物多样性。但是，自然界适者生存的法则也决定了拥有不良或危及生命的性状的个体无法生存，借此筛选优良基因个体来延续种族繁衍。如果我们生活的环境被严重污染，那么很可能被各种各样的由于基因突变导致的疾病缠身甚至患上可以影响后代的遗传病。这是因为污染物可以加速基因突变，当突变积累到一定程度，就会使人类暴发疾病，如果这种突变可以进入到生殖细胞，这种疾病就会遗传给后代，危及整个家族甚至是被环境污染的整个村庄。

正常情况下基因突变的概率很低，即使发生了突变，对人体造成的影响也通常有限。但如果我们长期生活在污染环境中，基因突变的概率就会大大增加。最有效的远离污染的方法是远离或干脆切断污染源，从源头上杜绝污染的产生。如果不能完全杜绝大气污染物，如在外出行时，为自己准备一个有良好过滤效果的口罩（雾霾中主要是非油性颗粒物，N95 型口罩指该口罩对非油性颗粒物的过滤率能达到95%），也足以减少它们对身体的危害。同时，加强对自己身体健康的关注，及时定期全面体检，把可能出现的隐患早期发现、早期消除，可以大大提高生活质量。

45 如何用基因工程的方法治理土壤污染

土壤污染物主要来自大气污染物沉降、废水和污水灌溉，以及农药和化肥的施用等。大气污染物主要包括汞和酸性物质等，废水和污水成分复杂，农药和化肥中的不易降解的化学物质，都对土壤造成了很大的危害。由于土壤的组成成分颇为复杂，包含固、液、气 3 种成分，所以治理污染的难度也非常大，传统的方法在治理土壤污染中难以取得理想的效果。

我国是一个土壤污染较为严重的国家之一。2011 年对全国 31 个省 364 个村庄的监测结果表明，农村土壤样品污染物超标率达 21.5%。而且，我国土壤污染正从常量污染物转向微量持久性毒害污染物；土壤污染从局部蔓延到大区域，从城市郊区延伸到乡村，从单一污染扩展到复合污染，从有毒有害污染发展至有毒有害污染与氮、磷营养污染交叉，形成点源与面源污染共存，生活污染、农业污染和工业污染叠加，各种新旧污染与二次污染相互复合或混合的态势。因此，在我国，治理土壤污染十分紧迫。

基因工程菌是经过基因工程改造的菌种，通过基因工程的改造，菌种可以拥有降解有害物质的能力。①基因工程菌可以降解残留时间长农药的有害成分。很多农田由于过量施用农药，破坏了生态平衡，致使土壤中的毒性增加。而一般的微生物对农药降解能力有限，很难在短时间内修复环境。但是，通过基因工程改造的微生物，可以大大提高微生物降解农药的速度。例如，残留的2,4-二氯苯氧乙酸(2,4-D)除草剂具有较大的毒性，科学家们已从细菌质粒中发现降解2,4-D除草剂的基因片段，将这段基因转移到另一种繁殖快的细菌体内，新构建出的基因工程菌，具有高效降解2,4-D除草剂的功能，可缩短2,4-D除草剂在环境中的危害。②可以利用基因工程菌净化污水造成的土壤污染。基因工程菌能将聚氯联苯分解成水、二氧化碳和盐类；还能高效地降解普通微生物难以降解的二甲苯、苯甲酸等苯环污染物。③目前，基因工程菌在使用上的稳定性和安全性还需要进一步的检验和观察。但是，随着技术的发展，基因工程菌一定能为降解土壤污染物做出重要的贡献。

还可以利用基因工程的方法合成新型的农药。传统农药不易降解，造成了严重的土壤污染甚至还会危害人体健康。而微生物农药不仅有利于保护环境，而且对害虫针对性强，与传统农药相比具有十分显著的优势。基因工程微生物农药制作的基本原理就在于通过基因工程将对不同靶标害虫有高毒力的基因进行重组，提高微生物农药的针对性和毒力。例如，科学家们将*cry1C*基因整合在苏云金杆菌的基因组中，可以扩充其对甜菜夜蛾等灰翅夜蛾属昆虫的毒性；将 *cry3A* 基因插入到苏云金杆菌的基因组中，扩充其对鞘翅目昆虫的毒力。

因此，在治理复杂而严重的土壤污染的过程中，基因工程技术将发挥着越来越重要的作用。

46 石油泄漏之后怎么办

2010 年 4 月，位于美国南部墨西哥湾的“深水地平线”钻井平台发生爆炸，事故造成的原油泄漏形成了一条长达 100 多千米的污染带，造成严重污染。石油泄漏造成的污染触目惊心，海水的颜色由蓝变黑，而危害远不止这些，后续的生态危害远比眼前的视觉冲击严重。

海洋石油污染主要来源于海底溢油、海上石油生产、海洋运输、大气输送、城市污染水排放等。其中，自然来源约占 92%，人类活动来源约占 8%。而对环境影响最严重的是人类活动造成的突发性溢油事故。大量石油瞬间溢出进入海洋环境，通过扩散、漂移等作用可对海洋生态环境造成严重破坏。

海面上漂浮的石油层阻碍了水与空气中的气体交换，致使海洋动物死于缺氧。但大多数海洋动物的死亡都是间接的，母体食用了原油之后，幼禽也会因吃了母禽的喂食中毒而死；中毒的海鸟产蛋量大大减少，蛋壳变得又薄又脆，雌鸟孵蛋时经常会将蛋压碎导致繁殖后代的计划落空。

原油挥发的气体对动物的呼吸道具有极大的破坏作用，不仅可以引发充血、水肿甚至肺炎，还会刺激眼睛，导致眼睛发炎、失明，最终死亡。气体还可损害鸟类和其他动物的免疫系统，随时可能引发各种细菌和真菌的感染。

石油污染对人类的危害也是巨大的。原油完全是由各种各样的碳氢化合物混合而成。当它进入人体后，本身的油性可以使它能够进入细胞膜，使人体产生各种各样的不适感，如呕吐、肠功能紊乱、心律失常、脉搏减慢、肺水肿等，除此之外，碳氢化合物中的很多成分（例如苯及其衍生物）都具有诱变致癌的风险。目前，因直接接触石油而中毒致伤亡的还比较少，但是，如果在清理岸边油污时没有正确使用防护衣和防毒面具甚至对此不屑一顾，那么很可能将为此付出惨痛的代价。

石油污染还可能会导致生物环境的单一化，使某些生物丧失了生存的环境，生态系统多样性的丧失也成为必然。当受到海洋石油污染后，群落中生物种类减少，降低了物种间竞争的相互作用，使留下的耐污种类的个体增多，使受污染环境中群落的多样性比正常环境内少。溢油对海洋环境的另一个改变是：太阳光线不能射入较深海水中，海水中的氧化速度大大减慢，降低了海水中氧气的更换速度，海藻类和浮游生物停止或减缓了生长和繁殖速度，大大减少了海洋动物的最基本的食物供给量，波及海洋动物的生存。这表明，海洋石油污染大大降低了初级生产力，从而使依托强大初级生产力才能建立起来的各级消费类群没有足够的物质和能量支持。这样，生态系统的结构和功能就趋于简单，对海洋生态系统的危害是巨大的。

20世纪70年代，遗传工程学家通过基因工程技术构建了可以高效降解石油的“假单胞菌”，涉及的基因包括降解乙烷、辛烷和癸烷，降解二甲苯，降解萘和分解樟脑的四种假单胞菌的不同质粒。随着基因科学的发展，石油泄漏所造成的环境危害终将被有效的方法进行治理。